CW00517264

DANIEL ALEJANDRO
MANZANO

PSICOLOGÍA OSCURA

--- & ---

MANIPULACIÓN

UNA GUÍA DEL ARTE DE LA PERSUASIÓN, EL LENGUAJE CORPORAL, LA HIPNOSIS Y LAS TÉCNICAS DE CONTROL MENTAL

ÍNDICE DE CONTENIDOS

INTRODUCCIÒN: PSICOLOGIA OSCURA

La psicología oscura es la investigación de la condición humana ya que se identifica con la idea mental de los individuos de ir detrás de otros impulsados por impulsos criminales así como degenerados que necesitan de la razón y de las sospechas generales de los impulsos instintivos y de la hipótesis de la sociología. Es posible para toda la humanidad defraudar a diferentes personas y animales vivos. Mientras que muchos controlan o subliman esta propensión, algunos siguen estas fuerzas motrices. La Psicología Oscura trata de comprender aquellas reflexiones, sentimientos, discernimientos y marcos de manejo abstractos que conducen a una conducta salvaje que es contradictoria con la comprensión contemporánea de la conducta humana.

La Psicología Oscura acepta que las prácticas criminales, monstruosas y dañinas son intencionadas y tienen alguna inspiración razonable y objetiva el 99% de las veces. La Psicología Oscura parte de la hipótesis Adleriana y el Enfoque Teleológico da cuenta del 1% restante. La Psicología Oscura propone que hay un área dentro de la mente humana que faculta a unas pocas personas a cometer actos espantosos sin razón; en este momento, ha engendrado la Singularidad Oscura.

La Psicología Oscura establece que toda la humanidad tiene un almacén de propósitos maliciosos hacia los demás que va desde consideraciones insignificantes y transitorias a prácticas degeneradas psicopáticas no adulteradas y sin discernimiento firme. Esto se conoce como el Continuum Oscuro, los factores aliviadores que van como aceleradores o potencialmente atrayentes para avanzar hacia la Singularidad Oscura, y donde las actividades terribles de un individuo caen en el Continuum Oscuro, es lo que la Psicología Oscura llama Factor Oscuro.

La Psicología Oscura incluye todas las cosas que nos hacen ser lo que somos en relación con nuestro lado nublado. Todas las sociedades, todas las creencias y todas las personas tienen esta famosa malignidad. Desde el minuto en que somos destinados hasta la hora de la muerte, hay un lado que merodea dentro de cada uno de nosotros que algunos han llamado maldad y otros han caracterizado como criminal, raro y obsesivo. La Psicología Oscura presenta una tercera construcción filosófica que considera que estas prácticas no son lo mismo que las doctrinas estrictas y las especulaciones de la sociología contemporánea.

La Psicología Oscura revela que hay individuos que cometen estos actos malvados y lo hacen no por influencia, dinero, sexo, represalias o alguna otra razón conocida. Cometen estos terribles actos sin ningún objetivo. Incluso, sus cierres no legitiman sus métodos. Hay individuos que abusan y dañan a otros sin ninguna razón. Dentro de todos nosotros está este potencial. La posibilidad de dañar a otros sin causa, aclaración o intención es la zona que este autor investiga. La Psicología Oscura afirma que este potencial oscuro es extraordinariamente alucinante y cada vez más difícil de caracterizar.

La Psicología Oscura dice que todos nosotros tenemos el potencial para las prácticas depredadoras y este potencial se acerca a nuestras consideraciones, sentimientos y reconocimientos. Como leerás a lo largo de esta copia original, todos tenemos este potencial, sin embargo, sólo un par de nosotros los seguimos. Todos hemos tenido contemplaciones y emociones una tras otra para actuar de forma despiadada. Todos hemos tenido consideraciones de necesitar herir gravemente a los demás sin indulgencia. Si eres honesto contigo mismo, deberías estar de acuerdo en que todos hemos tenido contemplaciones y sentimientos para cometer actos ofensivos.

Dada la realidad, nos vemos como una variedad animal amable; uno podría querer aceptar que imaginamos que estas contemplaciones y sentimientos serían inexistentes. Trágicamente, en su conjunto tenemos estas contemplaciones y, afortunadamente, nunca las llevamos a cabo. La psicología oscura presenta que hay individuos que tienen estas cavilaciones, emociones y observaciones equivalentes, sin embargo, siguen en ellos tanto en formas planificadas como imprudentes. La distinción conspicua es que ellos siguen estas consideraciones mientras que otros sólo tienen cavilaciones transitorias y sentimientos de hacer como tal. La Psicología Oscura postula que este estilo depredador es intencional y tiene alguna inspiración normal y objetivamente situada.

La religión, la teoría, la ciencia del cerebro y diferentes opiniones autorizadas se han esforzado por caracterizar adecuadamente la psicología oscura. Es genuino que la mayoría de las conductas humanas identificadas con actividades aborrecibles son intencionadas y objetivamente dispuestas. Sin embargo, la Psicología Oscura acepta que hay una zona en la que la conducta intencionada y la inspiración objetivamente situada parecen volverse amorfas. Hay un Continuum de explotación de la Psicología Oscura que va desde las contemplaciones hasta la aberración psicopática no adulterada, sin criterio ni razón evidentes.

Este Continuum ayuda a conceptualizar la forma de pensar de la Psicología Oscura. La Psicología Oscura tiende a esa parte de la mente humana o de la condición humana global que toma en consideración y puede incluso accionar la conducta salvaje. Algunos atributos de esta inclinación social son, en general, su ausencia de inspiración sana evidente, su carácter omnicomprensivo y su ausencia de consistencia. La psicología oscura acepta que esta condición humana omnicomprensiva es extraordinaria o un aumento del avance. Echemos un vistazo a algunos fundamentos esenciales del desarrollo. En primer lugar, consideremos que nos desarrollamos a partir de criaturas diferentes y que somos directamente el parangón de toda la vida de las criaturas. Nuestro colgajo frontal nos ha permitido convertirnos en el animal supremo. En la actualidad, esperemos que el hecho de ser animales superiores no nos haga estar totalmente expulsados de nuestros sentidos de criatura y de nuestra naturaleza salvaje.

Esperar esto es válido en la posibilidad de que usted compre el avance, en ese punto, usted acepta que toda la conducta se identifica con tres impulsos esenciales. El sexo, la hostilidad y el impulso instintivo de autosuficiencia son los tres impulsos humanos esenciales. El avance sigue los principios de la selección natural y la reproducción de la especie. Nosotros y todos los demás seres vivos avanzamos para multiplicarnos y perdurar. La animosidad se produce por las razones de denotar nuestra región, asegurar nuestra región y finalmente ganar la opción de reproducirse. Suena a discernimiento; sin embargo, nunca más forma parte de la condición humana en el sentido más perfecto.

Nuestra capacidad de pensamiento y discernimiento nos ha convertido tanto en el cenit de las especies como en la cúspide del ensayo de lo despiadado. Si alguna vez ha visto un relato sobre la naturaleza, este autor está seguro de que retrocede y siente angustia por el antílope despedazado por una manada de leones. Aunque despiadada y terrible, la motivación detrás del salvajismo se ajusta al modelo transformador de la autoprotección. Los leones matan para alimentarse, lo que es necesario para la resistencia. Las criaturas masculinas luchan al paso de vez en cuando por la costumbre de una región o la voluntad de control. Cada una de estas manifestaciones, salvajes y feroces, aclara el desarrollo.

En el momento en que las criaturas persiguen, suelen acechar y masacrar a los más jóvenes, los más frágiles o las hembras de la reunión. A pesar de que esta realidad suene a psicopatía, el propósito de su presa elegida es reducir su propia probabilidad de lesión o muerte. Toda la vida de las criaturas actúa y continúa en este momento. Todas sus actividades despiadadas, feroces y ridículas se identifican con la hipótesis del avance y la naturaleza para la resistencia y la proliferación. Como usted aprenderá en la estela de leer esta copia original, no hay aplicaciones de la Psicología Oscura con respecto al resto de la vida en nuestro planeta. Nosotros, las personas, somos los que tenemos lo que la Psicología oscura se esfuerza por investigar. El avance y sus hipotéticos principios parecen desintegrarse cuando echamos un vistazo a la condición humana. Somos los principales animales en la esencia de la tierra que se persiguen unos a otros sin la explicación o la multiplicación para la resistencia de la especie. Las personas son los principales animales que van detrás de otros por inspiraciones extrañas. La psicología oscura tiende a ese pedazo de la mente humana o de la condición humana total que considera y puede incluso accionar la conducta salvaje.

Eruditos y ensayistas ministeriales a lo largo de cientos de años se han esforzado por aclarar esta maravilla. Nos sumergiremos en una parte de estas traducciones registradas de la conducta humana nociva. Simplemente las personas podemos hacer daño a los demás con una ausencia total de inspiración normal evidente. La Psicología Oscura acepta que hay una parte de nosotros, desde que somos humanos, que llena prácticas oscuras y horrendas. Como se percatará, este punto o dominio dentro de la totalidad de nuestras criaturas es omnipresente.

No hay ninguna reunión de individuos que se pasee por la esencia de la tierra ahora, antes o después que no tenga este lado nublado. La Psicología Oscura acepta que este rasgo de la condición humana necesita de la razón y la cordura legítima. Es una parte de todos nosotros y no hay aclaración conocida. La Psicología Oscura acepta que este lado nublado es adicionalmente huidizo. Caprichosa en la comprensión de quién sigue estas motivaciones arriesgadas, y considerablemente cada vez más inusual de las longitudes que algunos irán con su sentimiento de benevolencia totalmente anulado. Hay individuos que agreden, asesinan, atormentan y dañan sin causa ni razón. La Psicología Oscura aborda estas actividades de ir como un depredador en busca de presas humanas sin propósitos inequívocamente caracterizados.

Como personas, somos inconcebiblemente peligrosos para nosotros mismos y para cualquier otro animal vivo. Las razones son numerosas y la Psicología Oscura se esfuerza por investigar esos componentes peligrosos. Estos ensayistas pretenden analizar la idea de la Psicología Oscura y comprender el punto de partida y el avance de las maravillas mentales que inspiran a los individuos a mostrar una conducta despiadada sin ningún motivador razonable evidente.

Como se ha referido anteriormente, ha habido un montón de racionalistas, estudiosos increíbles, figuras estrictas e investigadores que se han esforzado por conceptualizar de manera relevante la Psicología Oscura. Para este autor, la Psicología Oscura ejemplifica todas y cada una de las hipótesis y aclaraciones pasadas sobre la despiadada humanidad.

Cuanto más puedan imaginarse los lectores la Psicología Oscura, más dispuestos estarán a reducir sus probabilidades de explotación por parte de los depredadores humanos. Antes de continuar, es crítico tener en cualquier caso una comprensión insignificante de la Psicología Oscura. A medida que continúe a través de futuras copias originales que amplíen esta construcción, este autor expondrá ampliamente las ideas más significativas.

Los siguientes seis preceptos son importantes para entender completamente la Psicología Oscura:

- La Psicología Oscura es una pieza general de la condición humana. Este desarrollo ha existido desde la existencia del hombre. Todas las sociedades, los órdenes sociales y los individuos que viven en ellos mantienen este rasgo de la condición humana. Los individuos más generosos que se conocen tienen este dominio de la diablura, sin embargo, nunca lo siguen y tienen ritmos más bajos de consideraciones y sentimientos salvajes.
- La Psicología Oscura es la investigación de la condición humana en cuanto se identifica con las contemplaciones, sentimientos y reconocimientos de los individuos identificados con este potencial intrínseco de ir detrás de otros sin razones claras cuantificables. Dado que toda conducta es

13

intencionada, objetivamente dispuesta y conceptualizada por medio de la forma habitual de hacer las cosas, la Psicología Oscura avanza la idea de que cuanto más cerca se encuentre un individuo de "la brecha oscura" de la malicia perfecta, más incierto es que tenga una razón en las inspiraciones. A pesar de que este ensayista espera que nunca se llegue a la malicia inmaculada, ya que es infinita, la Psicología Oscura acepta que hay quienes se acercan a ella.

- Debido a su potencial de confusión como psicopatía atípica, la Psicología Oscura podría ser descuidada en su estructura inactiva. La historia está cargada de casos de esta propensión latente a descubrirse como prácticas dinámicas y peligrosas. La psiquiatría y la ciencia del cerebro actuales caracterizan al sociópata como un depredador sin arrepentimiento de sus actividades. La psicología oscura postula que existe un continuum de gravedad que va desde las contemplaciones y los sentimientos de vileza hasta la explotación y la brutalidad extremas sin una razón o inspiración sensata.

- En este continuum, la seriedad de la Psicología Oscura no se estima menos o se choca cada vez más con la conducta de explotación, sin embargo, traza un ámbito de brutalidad. Un esquema básico sería pensar en Ted Bundy y Jeffrey Dahmer. Ambos eran personas seriamente dementes y atroces en sus actividades. Lo importante es que Dahmer dedicó sus espantosos homicidios a su absurda exigencia de amistad, mientras que Ted

Bundy mataba y se ensañaba por pura malevolencia psicopática. Ambos estarían más arriba en el Continuum Oscuro, sin embargo, uno, Jeffrey Dahmer, puede ser mejor comprendido por medio de su impulso maníaco de ser adorado.

- La Psicología Oscura cree que todos los individuos tienen el potencial de la brutalidad. Este potencial es intrínseco en todas las personas y diferentes elementos interiores y exteriores incrementan la probabilidad de que esta posibilidad se manifieste en prácticas imprevisibles. Estas prácticas son de naturaleza salvaje y, de vez en cuando, pueden funcionar sin razón. La Psicología Oscura acepta que la dinámica depredador-presa se desvirtúe por las personas y que se pierdan todas las inspiraciones, que se piensa que son innatas como una característica de la criatura viva del planeta. La Psicología Oscura es una maravilla exclusivamente humana y no la comparte ningún otro animal vivo. La viciosidad y la conmoción pueden existir en otras criaturas vivas, pero la humanidad es la principal especie que puede hacerlo sin razón.

- La comprensión de las causas fundamentales y los desencadenantes de la Psicología Oscura capacitaría mejor a la sociedad para percibir, analizar y potencialmente eliminar los peligros asociados a ella. El aprendizaje de las ideas de la Psicología Oscura tiene una doble utilidad. Saber bien que todos los humanos tienen este potencial de pensamientos malignos insidiosos nos permite disminuir la probabilidad de ser víctimas. Además, el dominio de los preceptos de la Psicología Oscura da cabida a nuestra única razón transformadora para intentar perdurar.

Nosotros, en su totalidad, tenemos un lado nublado. Es una parte de la condición humana que, sin embargo, ha hecho un trato para evitar que se conozca con seguridad. Una realidad horrenda, la Psicología Oscura nos engloba al estar tranquilos para saltar. Como ha referido recientemente este ensayista, la Psicología Oscura incluye todo tipo de prácticas insensibles y salvajes. Basta con echar un vistazo a la tonta falta de piedad hacia las criaturas. Siendo un devoto amante de las mascotas, el maltrato a las criaturas para este autor es horrible y psicopático.

Como han recomendado las investigaciones en curso, el mal uso de las criaturas se relaciona con una mayor probabilidad de ser crueles contra la humanidad.

En el lado más suave del Continuum Oscuro se encuentra el vandalismo contra la propiedad ajena o los crecientes niveles de salvajismo en los juegos de ordenador que los jóvenes y adolescentes se disputan durante la época navideña. El vandalismo y el hecho de que los niños tengan que jugar a juegos de ordenador feroces son suaves en contraste con la brutalidad evidente. Sin embargo, hay casos de esta crueldad humana general, incluyendo lo que representa la hipótesis de este ensayista actual. Por mucho, la mayor parte de la humanidad niega y encubre su esencia, pero al mismo tiempo, los componentes de la Psicología Oscura se esconden discretamente bajo la superficie en cada uno de nosotros. Es omnipresente y está presente en toda la sociedad. Algunas religiones la caracterizan como una sustancia genuina que llaman Satanás. Unas cuantas sociedades confían en la presencia de espíritus malignos similares a los culpables que causan actividades perniciosas. Las más espléndidas de las numerosas sociedades han caracterizado la Psicología Oscura como una condición mental o producida por características hereditarias que pasaron de edad en edad.

El Continuum Oscuro es un componente significativo para entender en su sección a través del lado nublado de la humanidad. El Continuum Oscuro es una línea razonable fantasiosa o círculos concéntricos en los que caen todas las prácticas torcidas, viciosas, degeneradas y pervertidas. El Continuum Oscuro incorpora reflexiones, emociones, observaciones y actividades experimentadas, así como presentadas por la gente.

El continuum va de lo suave a lo extremo y de lo intencionado a lo no intencionado.

Claramente, las apariciones físicas de la Psicología Oscura se sitúan a un lado del Continuum Oscuro y progresivamente extremas. Las apariciones mentales de la Psicología Oscura se sitúan a un lado del continuum, pero pueden ser igual de peligrosas que los actos físicos. El Continuum Oscuro no es un tamaño de seriedad, con respecto al rango de terrible a más lamentable, sin embargo, caracteriza tipologías de explotación en las consideraciones y actividades incluidas.

El Factor Oscuro se caracteriza como el dominio, el punto y el potencial que existe en cada uno de nosotros y es una pieza de la condición humana. Esta idea es uno de los términos más singulares de la Psicología Oscura ya que es muy difícil de mostrar mediante la articulación compuesta. Según un léxico online, un factor es todo aquello que contribuye causalmente a un resultado, es decir, "varios componentes decidieron el resultado".

El Factor Oscuro no es, ciertamente, una condición numérica, sino hipotética. El Factor Oscuro implica una gran cantidad de ocasiones en las que un individuo se encuentra, lo que amplía su probabilidad de participar en una conducta despiadada. A pesar de que la exploración ha propuesto que los jóvenes que experimentan la infancia en unidades familiares duras se convierten ellos mismos en maltratadores, esto no significa que todos los niños maltratados se conviertan en feroces culpables.

Esto es simplemente un solo aspecto de un gran número de encuentros y condiciones que se suman al Factor Oscuro. La cantidad de componentes que están comprometidos con la condición del Factor Oscuro es enorme. No es que la cantidad de componentes que hacen que el Factor Oscuro sea extraordinario; son los efectos que esos encuentros tienen en la preparación abstracta de un individuo lo que hace que el Factor Oscuro sea arriesgado. Una parte de estos aspectos incorporan cualidades hereditarias, peculiaridades relacionales, conocimiento entusiasta, reconocimiento de los compañeros, manejo emocional y logros y encuentros formativos.

TRÍADA PSICOLÓGICA OSCURA

Narcisismo - Egotismo, vanagloria y ausencia de compasión

Maquiavelismo - Utiliza la manipulación para seducir y abusar de los individuos y no tiene ningún sentimiento de calidad ética.

Psicopatía - A menudo seductor y bien dispuesto en este punto se retrata por la impulsividad, el infantilismo, la ausencia de compasión y la insensibilidad. Ninguno de nosotros necesita ser víctima de la manipulación, sin embargo, ocurre con frecuencia. Puede que no dependamos de alguien explícitamente en la Tríada Oscura, sin embargo, individuos típicos y ordinarios como tú y yo nos enfrentamos a estrategias de investigación del cerebro oscuro todos los días.

Estas estrategias se encuentran regularmente en los anuncios, las promociones de la web, los procedimientos de las ofertas e incluso en las prácticas de nuestro jefe. Si tienes hijos (particularmente jóvenes), sin duda experimentarás estas estrategias mientras tus hijos exploran diferentes avenidas con respecto a las prácticas para obtener lo que necesitan y buscar el autogobierno. A decir verdad, la manipulación incógnita y la influencia oscura son utilizadas regularmente por personas en las que confías y quieres. Aquí hay una parte de las estrategias utilizadas frecuentemente por individuos típicos y regulares.

Inundación de amor - Cumplimiento, amistad o adulación de alguien para hacer una solicitud.

Mentir - Exageración, falsedades, certezas a medias, historias falsas.

Negación del amor - Retener la consideración y el calor.

Retirada - Evitar al individuo o el trato silencioso.

Limitación de la decisión - Dar ciertas opciones de decisión que ignoran la decisión que usted no necesita que alguien escoja.

Psicología del cambio - Decirle a un individuo una determinada cosa o que realice algo con la expectativa de impulsarle a hacer lo contrario que es lo que realmente quieres.

Manipulación Semántica - Usar palabras que se espera que tengan una definición típica o compartida, sin embargo, el manipulador luego te revela que el individuo en cuestión tiene una definición y comprensión alternativa de la discusión. ¡Las palabras son increíbles e importantes!

La razón de este artículo no es revelar a usted cómo abstenerse de ser manipulado y mal utilizado. O tal vez, es para ayudarnos a todos a recordar que es muy natural caer en la utilización de estas estrategias para conseguir lo que necesitamos. Necesito moverte a que revises tus estrategias en todos los asuntos cotidianos, incluyendo tu trabajo, iniciativa, conexiones sentimentales, crianza de los hijos y compañerismo.

Mientras que unas pocas personas que utilizan las teorías de las estrategias oscuras saben precisamente lo que están haciendo y son deliberadas para manipularte y conseguir lo que necesitan, otras utilizan estrategias aburridas y sin escrúpulos sin ser completamente conscientes de ello. Un gran número de estos individuos tomaron estas estrategias durante la juventud de otras personas. Otros tomaron las estrategias en sus años jóvenes o en la edad adulta sin querer. Utilizaron una estrategia de manipulación inadvertidamente y funcionó. Consiguieron lo que necesitaban. De esta manera, siguen utilizando estrategias que les ayudan a conseguir su dirección.

De vez en cuando, los individuos están preparados para utilizar estas estrategias. Los programas de preparación que muestran estrategias mentales y de influencia poco fiables son regularmente ofertas o programas de promoción. Un gran número de estos proyectos utilizan estrategias oscuras para hacer una marca o vender un artículo con la única motivación de servirse a sí mismos o a su organización, no al cliente. Una gran cantidad de estos programas de preparación persuaden a un individuo de que la utilización de tales estrategias está bien y es para ayudar al comprador. Ya que, obviamente, sus vidas mejorarán en gran medida cuando compren el artículo o la administración.

¿Quién utiliza la psicología oscura y las estrategias de manipulación? Aquí está un resumen de las personas que parecen utilizar estas estrategias más.

Narcisistas - Las personas que son genuinamente narcisistas (cumpliendo con la determinación clínica) tienen un sentimiento expandido de autoestima.

Necesitan que los demás aprueben su convicción de no tener rival. Fantasean con ser reverenciados y amados. Utilizan estrategias cerebrales superficiales, la manipulación y la influencia sin escrúpulos para mantenerse.

Sociópatas - Las personas que son realmente sociópatas (cumpliendo con la conclusión clínica), son frecuentemente encantadoras, inteligentes, pero precipitadas. Debido a la ausencia de emocionalidad y a la capacidad de sentir arrepentimiento, utilizan estrategias superficiales para ensamblar una relación superficial y después explotar a los individuos.

Abogados - Algunos abogados se centran tanto en ganar su caso que recurren a utilizar estrategias de influencia oscura para obtener el resultado que necesitan.

Funcionarios del gobierno - Algunos legisladores utilizan estrategias mentales oscuras y estrategias de influencia oscuras para persuadir a las personas de que tienen razón y para conseguir votos.

Vendedores - Muchos representantes de ventas se centran tanto en lograr un trato que utilizan estrategias superficiales para despertar y convencer a alguien de que compre su artículo.

Pioneros - Algunos pioneros utilizan estrategias superficiales para conseguir consistencia, un esfuerzo más prominente, o mejor de sus subordinados.

Oradores abiertos - Algunos oradores utilizan estrategias superficiales para elevar el estado de entusiasmo de la multitud al darse cuenta de que provoca la venta de más artículos en la parte trasera de la sala.

Personas infantiles - Este puede ser cualquier individuo que tiene un plan de sí mismo antes de los demás. Utilizarán estrategias para abordar sus propios problemas primero, incluso a expensas de otra persona. No se preocupan por los resultados de ganar o perder.

De verdad, lo sé. Lo más probable es que haya pisado algunos dedos de los pies. Como orador y persona asociada a la venta de administraciones, también caigo en esta clasificación. Esta es la razón por la que debo aconsejarme a mí mismo que trabajar, componer, hablar y vender con carácter requiere que mantenga una distancia estratégica de las estrategias manipuladoras y coercitivas.

Cuando animo programas de formación sobre la inspiración a los pioneros de los negocios, regularmente recibo información sobre dónde se encuentra la línea entre las estrategias mentales oscuras y las estrategias de impacto e influencia moral. Una parte de estas personas reconocen completamente que utilizan estas prácticas con frecuencia o que sus asociaciones esperan que utilicen prácticas oscuras como parte de los procedimientos de la organización para conseguir y retener clientes.

Esto es realmente penoso, y aunque provoca tratos e ingresos transitorios, a la larga provocará dudas, malas políticas estratégicas, poca constancia de los trabajadores y, a largo plazo, resultados empresariales menos eficaces.

Para distinguir entre las estrategias de inspiración e influencia que son superficiales y las que son morales, es imprescindible estudiar su objetivo. Debemos preguntarnos si las estrategias que utilizamos tienen como objetivo apoyar al otro individuo. Está bien que el objetivo sea ayudarle también, sin embargo, en el caso de que sea exclusivamente para su beneficio, se puede caer sin mucho esfuerzo en prácticas superficiales y engañosas.

- El objetivo debe ser obtener un resultado comúnmente provechoso o "ganar-ganar". Sea como fuere, debes ser sincero contigo mismo y con tu convicción de que la otra persona se beneficiará realmente. Un caso de esto es un representante de ventas que acepta que todo el mundo se beneficiará de su artículo y que la vida del cliente mejorará enormemente gracias a la compra. Un vendedor con esta actitud puede caer sin mucho esfuerzo en la utilización de estrategias superficiales para mover al individuo a comprar y utilizar una mentalidad de "el cierre legitima el significado". Esto libera al individuo de cualquier estrategia para conseguir el trato.
- Podemos hacernos las siguientes preguntas para evaluar nuestro objetivo junto con nuestras estrategias de inspiración e influencia:
- ¿Cuál es mi objetivo para esta colaboración? ¿Quién se beneficia y cómo?

- ¿Me gusta cómo estoy avanzando hacia la conexión?
- ¿Estoy siendo totalmente transparente?
- ¿El efecto posterior de esta asociación supondrá una ventaja a largo plazo para la otra persona?
- ¿Las estrategias que utilizo conducirán a una relación de confianza adicional con la otra persona?
- ¿Le gustaría ser realmente eficaz en su administración, en sus relaciones, en la crianza de los hijos, en el trabajo y en diferentes cuestiones cotidianas?

En ese momento, debe evaluarse a sí mismo para decidir sus estrategias actuales de inspiración e influencia. Hacerlo bien provoca credibilidad e impacto a largo plazo. Tratarlo terriblemente (ir a la oscuridad) provoca un carácter pobre, conexiones rotas y decepción a largo plazo, ya que los individuos, al final, observan a través de la oscuridad y entienden su plan.

CAPÍTULO I

EL ARTE DE LEER A LAS PERSONAS

Las investigaciones han demostrado que las palabras representan sólo el 7 por ciento de la forma en que transmitimos, mientras que nuestra comunicación no verbal (55 por ciento) y el tono de voz (30 por ciento) hablan del resto. En este caso, lo que hay que hacer es renunciar a hacer un intento decente de percatarse de las indicaciones de comunicación no verbal. Intente no ser excesivamente extraordinario o investigador. Manténgase suelto y líquido. Sea agradable, siéntese y limítese a observar.

La primera técnica: Observar las señales del lenguaje corporal

Centrarse en la apariencia

Cuando observe a los demás, fíjese en ellos: ¿Llevan un traje de fuerza y unos zapatos bien lustrados, vestidos para progresar, demostrando deseo? ¿Pantalones y camiseta, demostrando soltura con lo fácil? ¿Un top ajustado con escote, una decisión seductora? ¿Un colgante, por ejemplo, de cruz o de Buda, demostrando cualidades profundas?

Observe la postura

Al examinar la postura de los individuos, pregúntese: ¿Tienen la cabeza alta, seguro? ¿O, por el contrario, caminan de forma ambivalente o se dejan caer, lo que indica poca confianza? ¿Se pavonean con el pecho hinchado, lo que indica que tienen mucha conciencia?

Observe los movimientos físicos

Inclinación y separación - Observe hacia dónde se inclinan los individuos. En general, nos inclinamos hacia los que nos gustan y nos alejamos de los que no nos gustan.

Brazos y piernas cruzados - Esta postura recomienda protección, indignación o seguridad en sí mismo. En el momento en que los individuos cruzan las piernas, en general apuntan los dedos de la pierna superior hacia el individuo del que están más tranquilos.

Esconder las manos - Cuando los individuos colocan sus manos en el regazo, en los bolsillos, o las ponen a pesar de su buena fe muestra que están ocultando algo.

Roer los labios o hurgarse la piel de las uñas - Cuando los individuos se roen o lamen los labios o se hurguetean la piel de las uñas, están intentando calmarse cuando están en tensión o en una circunstancia desgarradora.

Descifrar la expresión facial

Los sentimientos pueden rayarse en nuestras apariencias. Las líneas de las muecas profundas proponen estrés o exceso de pensamiento. Las patas de gallo son las líneas de expresión del placer. Los labios apretados señalan indignación, desprecio o agudeza. Una mandíbula apretada y el rechinar de los dientes son indicios de tensión.

La segunda técnica: Escucha tu intuición

Puedes sintonizar con alguien más allá de su comunicación no verbal y sus palabras. El instinto es lo que siente tu instinto, no lo que dice tu cabeza. Son los datos no verbales que ves por medio de imágenes y ajas, en contraposición a la racionalidad. En el caso de que necesites captar a alguien, lo que más cuenta es quién es el individuo, no sus rasgos externos. El instinto te permite ver más allá de lo innegable para descubrir una historia más extravagante.

Agenda de pistas intuitivas

1. Respeta tus corazonadas

Sintoniza con lo que dice tu instinto, sobre todo en las primeras reuniones, una respuesta instintiva que se produce antes de que tengas la oportunidad de pensar. Muestra si estás tranquilo o no. Las corazonadas se producen rápidamente, son una reacción básica. Son tu medidor de la verdad interior, que se entrega en caso de que puedas confiar en las personas.

2. Sentir la piel de gallina

La piel de gallina es un gran escalofrío instintivo que indica que resonamos con individuos que nos conmueven o motivan o que están diciendo algo que evoca una respuesta emocional.

 La piel de gallina también se produce cuando se experimenta esta sensación de familiaridad, una indicación de que se ha conocido a alguien previamente; sin embargo, se acaba de conocer.

3. Concéntrese en los destellos de comprensión

En las discusiones, puedes tener un "ah-ha" sobre las personas que llegan al instante. Permanezca atento. De lo contrario, puede perdérselo. En general, pasaremos a la siguiente idea tan rápidamente que estos conocimientos básicos se pierden.

4. Esté atento a la simpatía natural

Aquí y allá puedes sentir los efectos secundarios físicos de los individuos y los sentimientos en tu cuerpo, lo cual es un tipo extremo de simpatía, en definitiva, cuando comprendas a los individuos, date cuenta: "¿Me duele la espalda cuando antes no me dolía? ¿Estoy desanimado o enfadado después de una reunión sin incidentes?" Para decidir si se trata de simpatía, obtenga información.

La tercera técnica: Sentir la energía emocional

Los sentimientos son una articulación asombrosa de nuestra vitalidad, la "vibración" que emitimos. Los registramos con el instinto. Algunas personas se sienten muy bien al asociarse con ellas; mejoran su temperamento e imperatividad. Otras son agotadoras; se intuye la necesidad de escapar. Esta "vitalidad sin pretensiones" puede sentirse a centímetros o pies del cuerpo, sin embargo, es indetectable. En la medicina china, se llama chi, una imperatividad que es fundamental para el bienestar.

Metodologìas para leer la Energia Emocional

1. Desde la presencia de las personas

Es la vitalidad general que producimos, no compatible realmente con las palabras o la conducta. Es el aire apasionado que nos envuelve como una nube de lluvia o el sol. Al leer a las personas, fíjate en ellas: ¿Tienen una cercanía que te atrae? O, por el contrario, ¿dirías que te dan escalofríos, lo que hace que te enfríes?

2. Observa los ojos de la gente

Nuestros ojos transmiten una vitalidad rompedora. Del mismo modo, como el cerebro tiene una señal electromagnética que va más allá del cuerpo, los estudios han demostrado que los ojos también la aventuran. Dedique algún esfuerzo a observar los ojos de los individuos. ¿Se puede decir que están atentos? ¿Calientes? ¿Serenos? ¿Malhumorados? ¿Irritados? Además, decida: ¿Hay alguien en casa en sus ojos, mostrando un límite con respecto a la cercanía? O por el contrario, ¿parecen estar vigilados o encubiertos?

3. Observa la sensación de un apretón de manos, un abrazo y un toque

Compartimos la vitalidad pasional a través del contacto físico, como si fuera un flujo eléctrico. Pregúntate si un apretón de manos o un abrazo se sienten cálidos, buenos y seguros. ¿O, por el contrario, es desagradable y necesitas retroceder? ¿Las manos de los individuos son pegajosas, marcando las tensiones, o, de nuevo, flácidas, recomendando ser vacilante y tentativo?

4. Sintonice el tono de voz y la risa

El tono y el volumen de nuestra voz pueden informar mucho sobre nuestros sentimientos. Las frecuencias de sonido producen vibraciones. Cuando entiendas a las personas, fíjate en cómo te influye su forma de hablar. Pregúntate: ¿Su tono se siente mitigado? ¿O por el contrario es chirriante, corto o quejumbroso?

CAPÍTULO II

MANIPULACIÓN DE LA MENTE

La manipulación psicológica puede caracterizarse como la actividad de impacto indebido a través de la tergiversación psicológica y el abuso entusiasta, con la expectativa de mantener el poder, la manipulación, los beneficios así como los beneficios a costa del individuo perjudicado.

Es esencial reconocer un impacto social sólido de la manipulación psicológica. El impacto social sólido se produce entre un gran número de personas, y es una parte del toma y dame de las conexiones útiles. En la manipulación psicológica, un individuo es utilizado para apoyar a otro. El manipulador hace a propósito una desviación de la intensidad, e incita al individuo desfavorecido a servir a su motivación.

Lo que sigue es un resumen de catorce "acrobacias" que los individuos manipuladores utilizan con frecuencia para forzar a otros a un lugar de estorbo, con referencias de mis libros "Cómo manejar con éxito a las personas manipuladoras" y "Una guía práctica para que los manipuladores cambien hacia el yo superior". Esto no pretende ser un resumen exhaustivo, sino un arreglo de instancias de intimidación tan discretas como estridentes. No todas las personas que actúan con los hábitos que se acompañan pueden estar intentando manipularte a propósito. Unas pocas personas tienen esencialmente propensiones excepcionalmente pobres. No obstante, es imperativo percibir estas prácticas en circunstancias en las que sus privilegios, intereses y seguridad están en cuestión.

La manipulación mental es algo genuino. Ocurre constantemente, ya que es sin duda uno de los enfoques más impresionantes para manipular las contemplaciones y conclusiones de los individuos. Hay un gran número de asociaciones, fundaciones, empresas y personas que necesitan cambiar lo que piensas ya que obtendrían una posición favorable de ello. Por eso es cada vez más imprescindible conocer estos procedimientos de manipulación mental para poder recordarlos cuando te los jueguen.

El tema de la manipulación de la mente es intrincado, multifacético y de múltiples capas. Para el lector fácil, puede llegar a desensibilizar de inmediato, dominando las facultades y haciendo que se antoje dejar el punto, sin embargo, mantener una distancia estratégica de este tema es lo más tonto que podrías hacer ya que tu única posibilidad de soportar esta espantosa y astuta motivación de opresión, que hoy en día compromete a todos los efectos a la totalidad de la humanidad, es ver cómo capacita y encuentra la manera de disminuir tu debilidad.

Los diseños para hacer una sociedad especializada en la manipulación de la mente se han establecido desde hace bastante tiempo. La innovación actual surgió de las pruebas que los nazis iniciaron antes de la Segunda Guerra Mundial y se intensificó durante la hora de los encarcelamientos inhumanos nazis, cuando una reserva ilimitada de jóvenes y adultos era accesible para la experimentación. Nos hemos enterado de los indiferentes e inhumanos ensayos clínicos realizados con los detenidos, pero los medios de comunicación y las narraciones televisivas nunca hicieron referencia a las pruebas de manipulación mental. Eso no debía descubrirse ante el pueblo estadounidense. Los avances en la manipulación mental pueden aislarse exhaustivamente en dos subconjuntos: basados en las lesiones o en la electrónica.

El período primario de mejora de la manipulación mental del gobierno surgió de las antiguas estrategias misteriosas que requerían que el individuo lesionado fuera sometido a monstruosas lesiones mentales y físicas, normalmente comenzando en etapas tempranas, con el fin de hacer que la mente se rompiera en mil caracteres de modificación que luego podrían ser personalizados independientemente para desempeñar cualquier capacidad (o empleo) que el ingeniero de software deseara "introducir". Cada personaje de ajuste realizado es discreto e inconfundible del personaje frontal. El "personaje frontal" ignora la presencia o los ejercicios de los personajes de ajuste. Los caracteres de ajuste pueden ser llevados a la superficie por ingenieros de software o manipuladores que utilizan códigos extraordinarios, por regla general, guardados en un PC. La víctima de la manipulación mental también puede ser influenciada por sonidos explícitos, palabras o actividades conocidas como disparadores.

El segundo periodo de mejora de la manipulación mental se perfeccionó en una base subterránea bajo Fort Hero en Montauk, Long Island (Nueva York) y se conoce como el Proyecto Montauk. Las víctimas inmaduras más puntuales de la programación al estilo de Montauk, supuestamente los Montauk Boys, fueron modificadas utilizando procedimientos basados en lesiones, sin embargo, esa técnica fue al final abandonada por un proceso de aceptación totalmente electrónico que podía ser "introducido" muy rápidamente (o incluso en horas) en lugar de los numerosos años que llevaba terminar las estrategias basadas en lesiones.

El Dr. Joseph Mengele de la reputación de Auschwitz fue el ingeniero de la regla del Proyecto Monarca basado en la lesión y los programas de manipulación mental MK Ultra de la CIA. Mengele y alrededor de 5, 000 otros nazis de alto posicionamiento fueron trasladados de forma encubierta a los Estados Unidos y América del Sur en las repercusiones de la Segunda Guerra Mundial en una Operación asignada Paperclip. Los nazis continuaron con su trabajo de creación de innovaciones de manipulación mental y cohetería en misteriosas instalaciones subterráneas del ejército. Lo principal que nos contaron fue el trabajo de cohetería con anteriores estrellas nazis como Warner Von Braun. Los verdugos, torturadores y mutiladores de personas inocentes se mantenían discretamente alejados, pero ocupados en las oficinas militares subterráneas de los Estados Unidos, que paso a paso albergaban a montones de jóvenes estadounidenses agarrados de las avenidas (alrededor de un millón cada año) y colocados en confines de barras de hierro apilados desde el suelo hasta el techo como componente de la "preparación". Estos jóvenes serían utilizados para perfeccionar y consumar los avances de manipulación mental de Mengele. Ciertos niños elegidos (en todo caso los que soportaban la "preparación") se convertirían en futuros esclavos manipulados mentalmente que podrían ser utilizados para un gran número de ocupaciones diversas que se extendían a cualquier lugar, desde el sometimiento sexual hasta la muerte, una parte significativa de estos jóvenes, que eran vistos como no esenciales, eran masacrados a propósito antes (y por) otros niños con el fin de dañar al estudiante elegido en la consistencia y el alojamiento total.

Sistemas de manipulación de la mente

Los tiradores solitarios de los que nos enteramos en las muertes, los esfuerzos de muerte, los actos de violencia masiva, etc. son personas manipuladas mentalmente que habían sido 'modificadas' para hacer esas misiones. Ted Bundy, el ejecutor secuencial del "Niño de Sam" David Berkowitz, Oswald, Timothy McVeigh, los tiradores de Columbine, Chapman, Sirhan, y así sucesivamente, eran personas manipuladas mentalmente que fueron modificadas para llevar a cabo estos asesinatos. Innumerables jóvenes de secundaria fueron capturados y obligados a participar en el programa de preparación de manipulación mental llamado Proyecto Montauk, que comenzó alrededor de 1976. Al Bielek, bajo manipulación mental, estuvo comprometido con numerosas zonas del misterioso Proyecto Montauk. Después de recuperar gradualmente sus recuerdos a partir de finales de la década de 1980, llegó a comprender que había en todo caso 250.000 "chicos de Montauk" manipulados mentalmente y entregados en 25 oficinas únicas como la base subterránea en Montauk, Long Island. Un gran número de estos jóvenes iba a convertirse en "durmientes" que son personas que fueron modificadas para ir vigorosamente en algún momento en un futuro no muy lejano cuando se "activen" apropiadamente para tomar parte en un tipo de plomo peligroso o problemático. Otros Montauk Boys fueron tejidos en la textura de la vida americana estándar como escritores, personajes de radio y televisión, representantes, asesores legales, expertos clínicos, jueces, investigadores, autorización de la ley, militares, etc.

Los siguientes son los sistemas de manipulación de la mente que fueron utilizados habitualmente por los individuos estándar en las conexiones relacionales, así como en las reuniones.

Aislamiento

La reclusión física puede ser increíble, pero en cualquier caso, cuando la reclusión física es extravagante o no es funcional, el manipulador normalmente se esforzará por desconectarte intelectualmente. Esto puede lograrse de varias maneras, desde clases de varias semanas en la nación hasta el escrutinio de su red de familiares y amigos. Limitar algún otro impacto manipulando el flujo de datos es un objetivo definitivo.

Crítica

La crítica puede utilizarse Como dispositivo de desconexión. Los manipuladores hablarán en su mayoría en términos de "nosotros contra ellos", escudriñando el mundo exterior y garantizando su propia prevalencia. Según indican, deberías sentirte afortunado de estar relacionado con ellos.

La evidencia social y la presión de los amigos

Los individuos que se esfuerzan por manipular grandes reuniones de individuos utilizarán regularmente la confirmación social y la presión de los amigos para condicionar mentalmente a los recién llegados. La verificación social es una maravilla mental en la que (unos pocos) individuos esperan que las actividades y convicciones de los demás sean adecuadas y, en vista de que "todo el mundo hace eso", deben ser legitimadas. Esto funciona especialmente bien cuando un individuo no está seguro de qué pensar, cómo seguir o qué hacer. Muchas personas que se encuentran en estas circunstancias se fijan básicamente en lo que hacen los demás y hacen lo mismo.

¿Qué te hace ser lo que eres? Echa un vistazo a los factores que se enumeran a continuación para encontrar tu tipo de carácter.

Miedo a la alienación

Los recién llegados a las reuniones manipuladoras generalmente recibirán un cálido saludo y formarán varias nuevas amistades que parecen estar mucho más allá y ser más importantes que cualquier cosa que hayan experimentado. Más adelante, si surge alguna duda, estas conexiones se convertirán en una baza increíble para mantenerlos en la tertulia. Independientemente de que no estén totalmente persuadidos, la vida en el mundo exterior puede parecer desoladora.

Reiteración

La reiteración constante es otro dispositivo de influencia increíble. A pesar de que puede parecer demasiado miope para ser convincente, repetir el mismo mensaje una y otra vez lo hace más conocido y fácil de recordar. Cuando la reiteración se une a la evidencia social, transmite el mensaje en un término muy claro.

La presencia de atestados (como estrategia de desarrollo personal) es otra confirmación de que la reiteración funciona. Si puedes convencerte a ti mismo a través de la redundancia, lo más probable es que alguien se esfuerce en utilizar la reiteración para manipularte en la especulación y continuar con un objetivo particular en mente.

Agotamiento

El agotamiento y la falta de sueño provocan cansancio físico y mental. En el momento en que uno está realmente agotado y menos alerta, es progresivamente vulnerable a la influencia. Un estudio referenciado en el Journal of Experimental Psychology muestra que las personas que no habían dormido durante sólo 21 horas eran cada vez más indefensas a la recomendación.

Formar un nuevo carácter

Al final, los manipuladores necesitan volver a caracterizar tu personalidad. Necesitan que dejes de actuar con naturalidad y te conviertas en un robot, en alguien que siga sin miramientos sus peticiones. Utilizando todas las estrategias y sistemas de manipulación mental referidos anteriormente, se esforzarán por separar una admisión de ti - algún tipo de afirmación de que aceptas que son individuos aceptables que hacen algo para estar agradecidos (son concebibles ligeras variedades). Antes que nada, puede ser algo aparentemente sin importancia como coincidir en que los individuos de la reunión son individuos divertidos y adorables o que una parte de sus perspectivas son en realidad sustanciales. Cuando reconoces ese detalle que se pasa por alto fácilmente, puedes estar cada vez más preparado para reconocer otro y después otro y otro... Antes de que te des cuenta, por querer ser fiable con lo que haces y dices, te conviertes en parte de la reunión. Esto es especialmente increíble si te das cuenta de que tus admisiones han sido grabadas o filmadas: sólo en el caso de que lo pases por alto, hay una verificación física de tu nuevo carácter.

En la actualidad, tras entender esto, puede que estés pensando en las "reuniones" a lo largo de tu vida. Es seguro decir que te están manipulando.

¿Qué tal si imaginamos que te unes a Greenpeace? Todo comenzó con un pequeño regalo, en ese momento algún tipo de ocasión divertida (montones de nuevos compañeros), y, antes de que te des cuenta, estás sentado en un pequeño pontón luchando contra los aburridos de Shell en la localidad polar mientras tu instrucción y tu profesión deben ser pospuestas. ¿Qué ha ocurrido aquí? ¿Te manipuló Greenpeace para que lo hicieras? No. Ellos te impactaron. Aunque consiguieron que hicieras algo que nunca te hubieras planteado hacer, Greenpeace no te utiliza para promover su propio beneficio potencial. Te pidieron que hicieras lo que ellos aceptan como correcto (a pesar de que las conclusiones pueden diferir) y tú estuviste de acuerdo - aquí no hay ninguna adición cercana.

Contrasta eso con un instructor de karate manipulador que es ruidosa y genuinamente perjudicial hacia sus alumnos, mientras que anticipa todo el aprecio y la obediencia en consecuencia, que les hace pensar como si fueran la principal reunión de los individuos que van a realizar algún misterio excepcional que pondrá tanto Terminator y Rambo a la desgracia. Independientemente de si sus procesos de pensamiento aquí son monetarios o un simple deseo de manipular y sentirse prevalente, no hay duda de que está utilizando los sistemas de manipulación de la mente mencionados anteriormente.

Cuestiones políticas

¿Necesitas aumentar una posición de preferencia sobre tu rival político? Difunde una noticia falsa. Sea como sea, no estamos hablando de un par de individuos que mienten alrededor de un par de autoridades gubernamentales. La forma en que las noticias falsas han asumido la manipulación sobre la prensa predominante es realmente impresionante, con resultados genuinos.

Podemos decir con convicción que hoy en día, estamos viendo una guerra de datos a nivel mundial. Además, ¿adivinen qué? Suele ocurrir que el bando que miente para manipular el sentimiento popular tiene más oportunidades de ganarla.

Deportes/Religión/Política

Los partidarios de la religión o incluso de las cuestiones legislativas pueden sentirse afrentados al ver el juego agrupado cerca de ellos, sin embargo, un mensaje similar es legítimo: desviarnos lo suficiente para dividirnos y ganar. ¿Qué mejor enfoque para continuar con su plan que ofrecer alguna interrupción? Al mismo tiempo, hay enfrentamientos en Oriente Medio, con musulmanes y judíos luchando por la tierra, y demócratas y republicanos enfrentándose en el Senado, la punta puede continuar.

En realidad, tenemos una propensión característica a necesitar ayudarnos unos a otros. La historia, sin embargo, ha demostrado que la religión se escapa de la mayoría de los enfrentamientos registrados y saca lo más terrible de nosotros. Además, basta con echar un vistazo a los infractores de la ley del fútbol en el Reino Unido en el caso de que necesite una prueba de la terrible conducta en el deporte.

La Manipulación Mental para Manipular a una Mujer

Hay numerosos hombres que están excepcionalmente intrigados en darse cuenta de cómo utilizar el control mental para controlar a una dama - conducirla a gustar de ellos con estrategias de control mental. Esta es una idea atractiva, particularmente para los individuos que no pueden imaginar cuan despreciada o cuan desinteresada puede ser la dama que siempre has querido. En el momento en que una dama es desinteresada hasta el punto de que ella efectivamente se mantiene lejos de usted, un hombre es generalmente deja dos cosas para elegir: para seguir adelante y localizar alguna otra dama, o para utilizar trucos y enfoques para hacer la dama como él, cualquiera que sea el estado en que se encuentra.

¿Cómo utilizar el control mental para controlar a una dama - obligarla a que le guste con estrategias de control mental? Actualmente esta es una pregunta extremadamente precaria. Primero, porque se trata del control cerebral utilizado como una forma de controlar a las personas. En segundo lugar, es sobre la base de que causaría un hombre demasiado tiempo para utilizarlo para algo que no se espera generalmente para hacer. Es más, la tercera es por el hecho de que realmente necesita jugar con una cosa excepcionalmente confusa: el amor. Numerosos hombres realmente asesinato a darse cuenta de cómo utilizar el control de la mente para controlar una dama

- conducir a ella como ellos con estrategias de control de la mente. Aquí hay algunos enfoques simples para perturbar el cerebro de una dama y eventualmente hacer que le gustes:

- Hazla desear. La envidia es una inclinación sólida, y usted debe abstenerse de hacer que una dama se sienta deseosa en la posibilidad de que usted pueda. Sea como fuere, esto es un engaño vital. Hágale sólo un pedazo menor de envidia, y observe cómo podría contender con todas las jóvenes que podrían darle amor. Esta es la principal manera poderosa en la remota posibilidad de que usted necesita para darse cuenta de cómo utilizar el control de la mente para controlar una dama - restringir a ella como usted con las estrategias de control de la mente.

- Las primeras impresiones dejan un grabado impresionante en una dama, y las palabras que usted utiliza en el día principal de la reunión debe ser elegido con cuidado en la posibilidad de que usted necesita que le gusta en un momento. Esta es una ruta útil sobre el método más competente para utilizar el control mental para controlar a una dama - obligarla a gustar con estrategias de control mental

- Acondicionar a una dama podría requerir una inversión significativa, sin embargo, es significativo en el caso de que usted necesita para comenzar en la mejor manera de utilizar el control de la mente para controlar a una dama - conducir a ella como usted con las estrategias de control de la mente.

Imagina un escenario en el que puedas acercarte a cualquier mujer, en cualquier lugar, y saber exactamente qué decir para conseguir que te dé su número y tenga una cita contigo.

Aunque me doy cuenta de lo difícil que tiende a ser, sin embargo, usted ve, como personas, que en su conjunto tienen dos formas diferentes de razonamiento.

El número 1 es utilizar el raciocinio o nuestras personalidades cognitivas.

El número 2 es utilizar los sentimientos o nuestras personalidades subliminales.

Lo extraordinario de tentar a las damas es que están como duramente conectadas para seguir sus cavilaciones y emociones apasionadas que son las mismas con TODAS las damas... ¡No pueden resistirse! Esa es la razón por la que un número tan significativo de damas sucumbe a los equivalentes de la gente "caca" que no se deben conocerm tocar, et, etc.

Ventaja en el terreno de juego

Un individuo manipulador puede exigir que te reúnas y colabores en un espacio físico, donde la persona en cuestión puede practicar más el predominio y la manipulación. Esto puede ser la oficina del manipulador, su casa, su vehículo o diferentes espacios en los que se sienta dueño y señor de la naturaleza (y donde usted los necesite).

Deje que usted hable primero para establecer su línea de base y buscar debilidades

Numerosos representantes de ventas hacen esto cuando te prospectan. Al hacerte preguntas generales y de examen, establecen un punto de referencia sobre tu razonamiento y conducta, a partir del cual podrán evaluar tus cualidades y carencias. Este tipo de abordaje, con un plan de ocultación, también puede producirse en el entorno laboral o en las conexiones cercanas al hogar.

Manipulación de los hechos

Ejemplos:

- Mentir
- Razonamiento
- Doble juego
- Censurar a la desafortunada víctima por causar su propia explotación
- Distorsión de los hechos
- Divulgación o retención de datos clave
- Embellecimiento
- Representación modesta de la verdad
- Inclinación desigual del tema.

Acosar con hechos y estadísticas

Algunas personas aprecian ser acosadas académicamente atreviéndose a ser el maestro, y generalmente aprendiendo en áreas específicas. Te explotan forzando realidades reclamadas, conocimientos, y otra información que puedes pensar mínima. Esto puede ocurrir en tratos y circunstancias relacionadas con el dinero, en conversaciones e intercambios competentes, así como en contenciones sociales y sociales. Al asumir la manipulación maestra sobre usted, el manipulador quiere impulsar su plan de manera más convincente. Algunas personas utilizan este sistema sin otra explicación que la de tener una sensación de prevalencia erudita.

Sobrecargarte con procedimientos y burocracia

Ciertos individuos utilizan la organización - el trabajo administrativo, los sistemas, las leyes y los reglamentos, las juntas, y las diferentes barreras para mantener su posición y su fuerza mientras que hacen su vida progresivamente problemática. Este procedimiento también puede utilizarse para posponer la búsqueda de la certeza y la verdad, ocultar los defectos y las deficiencias y eludir la investigación.

Levantar la voz y mostrar emociones negativas

Algunas personas hablan más alto durante las conversaciones como un tipo de manipulación forzada. La sospecha podría ser que en el caso de que anticipen su voz lo suficientemente bulliciosa, o muestren sentimientos negativos, te someterás a su intimidación y les darás lo que necesitan. La voz enérgica se une de vez en cuando con una sólida comunicación no verbal, por ejemplo, señales de pie o energéticas para construir el balanceo.

Sorpresas negativas

Algunas personas utilizan las sorpresas adversas para ponerte a temblar y aumentar un poco el margen de maniobra psicológico. Esto puede ir desde una bola baja en una circunstancia de acuerdo a una llamada inesperada que ella o él no tendrá la opción de venir a través y transmitir en alguna forma u otra. Normalmente, los datos negativos repentinos llegan de forma abrupta, por lo que tienes un breve periodo de tiempo para prepararte y contrarrestar su giro. El manipulador puede pedirte concesiones adicionales para seguir trabajando contigo.

Darle poco o ningún tiempo para decidir

Esta es una estrategia típica de trato e intercambio, en la que el manipulador te presiona para que tomes una decisión antes de que estés preparado. Aplicando la tensión y la manipulación sobre ti, se confía en que te "dividirás" y te rendirás a las peticiones del asaltante.

Humor negativo diseñado para hurgar en tus debilidades y restarte poder

A algunos manipuladores les gusta ofrecer comentarios básicos, regularmente enmascarados como diversión o burla, para hacer que usted parezca inferior y menos seguro. Los modelos pueden incorporar un surtido de comentarios que van desde tu apariencia, hasta tu modelo de teléfono móvil avanzado más establecido, pasando por tu experiencia y certificaciones, hasta la forma en que llegaste un poco tarde y agotado. Haciendo que tengas un aspecto terrible, y consiguiendo que te sientas fatal, el agresor planea forzar el predominio psicológico sobre ti.

Juzgarte y criticarte con frecuencia para que te sientas inadecuado

Particularmente de la conducta pasada donde la diversión negativa es utilizada como una propagación, aquí el manipulador por dentro y por fuera te señala a ti. Al subestimarte, despreciarte y rechazarte continuamente, te mantiene en vilo y mantiene su prevalencia. El agresor cultiva a propósito la sensación de que continuamente hay algún tipo de problema contigo, y que por mucho que te esfuerces, eres deficiente y nunca serás adecuado. Esencialmente, el manipulador se centra en lo negativo sin dar arreglos verdaderos y útiles u ofrecer enfoques importantes para ayudar.

El tratamiento silencioso

Al no reaccionar intencionadamente a tus llamadas sensibles, mensajes instantáneos, mensajes o diferentes peticiones, el manipulador presume de poder haciéndote parar, y significa poner incertidumbre y vulnerabilidad en tu psique. El tratamiento silencioso es un juego de cabeza en el que se utiliza el silencio como un tipo de influencia.

Imaginar la ignorancia

Esta es la estrategia ejemplar de "actuar como un ignorante". Imaginando que no comprenden lo que necesitas, o lo que quieres que hagan, el manipulador/fuerza latente te hace asumir lo que es su obligación y consigue que empieces a transpirar. Algunos jóvenes utilizan esta estrategia para aplazar, ralentizar y manipular a los adultos para que hagan por ellos lo que ellos preferirían no hacer. Algunos adultos también utilizan esta estrategia cuando tienen algo que ocultar, o un compromiso que desean esquivar.

Cebada de la culpa

Ejemplos:

- Acusar sin razón
- Centrarse en la debilidad del beneficiario
- Responsabilizar a otro de la felicidad y los logros del manipulador, o de la miseria y las decepciones.

Al centrarse en los entusiastas defectos e indefensión del beneficiario, el manipulador lo presiona para que se rinda a sus demandas y peticiones irracionales.

Victimismo

Ejemplos:

- Problemas individuales exagerados o imaginados
- Problemas médicos exagerados o imaginados
- Dependencia
- Codependencia
- Fragilidad intencionada para evocar compasión y favor
- Hacerse pasar por frágil, débil o santo.

La motivación detrás del victimismo manipulador es regularmente abusar de la voluntad aceptable del beneficiario, del sentimiento de remordimiento, del sentimiento de obligación y compromiso, o de la naturaleza defensiva y de apoyo, para quitarle ventajas y concesiones irracionales.

Reconocer el arte de la manipulación

El acto de la manipulación no está relacionado con hacer que los individuos hagan lo que tú necesitas que hagan, sino con conseguir que necesiten hacer lo que tú necesitas que hagan. El Arte de la Guerra de Sun Tzu es el libro ideal para familiarizarse con esto. Como dice en él "debemos conocernos a nosotros mismos y a nuestro adversario".

Entonces, ¿cómo conseguir que los individuos necesiten hacer lo que usted necesita que hagan? En primer lugar, tienes que familiarizarte con sus deseos reales, y entenderlos hacia el objetivo que necesitas conseguir.

Cuanto más cerca esté el individuo de ti, más sencillo será manipularlo. Cuanto más cerca esté el individuo de ti, más sencillo será manipularlo, y sí, lo he dicho dos veces, significativo. En consecuencia, los cómplices o compañeros sentimentales son las mejores posibilidades para probar tus habilidades de manipulación. Es más, si "manipulación" le parece una palabra terrible, considere su influencia.

Necesitas convencer a los individuos. Necesitas hacer que los individuos sientan que fue su decisión desde el principio. En general, los hombres necesitan compulsión y las mujeres, en general, necesitan plenitud. Normalmente, los hombres se convencen más eficazmente por la autoridad y el sentido de la propia relación con el progreso. Así que mostrar vulnerabilidad sobre si un hombre puede mejorar insulta el interior de una manera delicada que produce el progreso. En el caso de las mujeres, el ajuste en numerosos ámbitos de la vida cotidiana, en particular con las conexiones de los seres queridos, es un MUST. De esta manera, ahogar el tiempo o el efecto en las conexiones explícitas hace que un profundo anhelo de traerlo (equilibrio).

De alguna manera u otra, nosotros como un todo necesitamos igualar y nosotros como un todo necesitamos renunciar a nuestro interés principal. Sin embargo, mensualmente, las damas se inclinarán en general por el equilibrio, mientras que los hombres se inclinarán en general por concentrarse en el corte de pelo.

En medio de cualquier estrategia de influencia, es astuto no desafiar nunca la ley o predisposición psicológica llamada "propensión a preferir y apreciar". ¿En qué consiste? En el caso de que Adolf Hitler diga 2+2=4 y Oprah diga 2+2=5, a pesar de que detestamos a Hitler, él tiene razón y Oprah (adorada por muchos) no tiene razón. Sea como fuere, la gran mayoría confiaría en Oprah por el hecho de que la asocian con todo lo positivo. Deberías pensar en cómo haces sentir a los demás.

Además, mucha gente necesita manipular el momento presente. Sea como fuere, el auténtico oficio de la manipulación adora realmente el juego a largo plazo. La tolerancia es la ética. También a cómo los expertos hacen su "oficio" parece simple, usted necesita causar la influencia para sentir y fluir fácilmente. Se requiere una cierta inversión y tolerancia para que conquiste intelectualmente sus límites psicológicos y se ponga en marcha su mente.

Algo que perjudica intelectualmente a los manipuladores en este momento es no entender e IR con la fuerza compulsiva de la naturaleza, al igual que una roca que se mueve por la pendiente, necesitas dejar que la gravedad (la naturaleza) te jale. Intenta no obligar o entrar en conflicto con la fuerza imperiosa de la naturaleza. Cuando llueve, nos adaptamos cogiendo un paraguas o un abrigo. Cuando hace calor, nos ponemos menos capas de ropa o más ligeras. Esencialmente, lo que digo es que no hay que ser fantasioso y cambiar de acuerdo con lo que hay. ¿Cómo se puede probar la fantasía? De dos maneras diferentes: tomando la mejor decisión fuera de orden es como una cosa inapropiada también conocida como, la mala priorización de las necesidades y tener deseos de rendimiento de la información inapropiada. Así que con los individuos, tenemos que darnos cuenta de su tipo de carácter, cómo reaccionan a las condiciones específicas y cuáles son sus propios límites.

Así que, aquí está la parte aceptable. Los sistemas psicológicos están fuera del camino. Entonces, ¿cómo se consigue precisamente que hagan la cosa? En primer lugar, hay que guiar con el premio. A los individuos les encanta la llegada de la dopamina conocida como remuneración. ¿En qué medida puede beneficiarles la "cosa" que necesita que hagan? En este momento, no les dejes saber cómo hacerlo legítimamente. Los estudios han demostrado que, en el 90% de los casos, las personas detestan que se les diga lo que tienen que hacer. En lugar de eso, ayúdales a llegar a la misma resolución por sí solos "a la manera". A los individuos les encanta sentir que fue SU pensamiento (no el tuyo). Así que deja que lo reclamen. El principal y genuino paso crucial es unir el "premio" o la ventaja a la cosa. Si los individuos no ven cómo algo les beneficia, probablemente nunca lo harán.

Asimismo, eche un vistazo a las relaciones de lo que hacen los individuos (que hacen la cosa que usted necesita impartir) como la "cosa". Por ejemplo, en el caso de que necesites convencer a alguien de que se ponga más en forma y plantear una "dieta" es difícil, intenta hablar de la mejora de la apariencia de la piel (que está asociada de forma indirecta a los planes extraordinarios de manipulación del peso).

Puedes llevar a los individuos al agua, pero en algunos casos no puedes hacerles beber. Así que, en definitiva, haz que tengan sed. ¡El interés gana! Consiga que el individuo sea inquisitivo sobre los temas y conseguirá que la naturaleza trabaje para usted, como una roca que se mueve por la pendiente debido a la gravedad. Nunca ignores todas las leyes lógicas, simplemente fluye con ellas.

El mejor caso de manipulación es el truco de la educación avanzada. Los alumnos de secundaria son fácilmente manipulables e inquisidores de los premios que siguen a un título inútil. K-12 o 13 años de tutoría sólo para destruir el crédito de uno y eliminar su "dinero gratis", el marco de la instrucción incluso comprende la importancia del "juego largo".

Cuando usted ha manipulado con eficacia, nunca se descubra ya que se resistirá a disfrutar y adorar la inclinación y los individuos le cortará. Usted no necesita eso. Manténgase al tanto de cómo les hace sentir e intente manipular, "convencer", generalmente ventajoso, no sea aborrecible.

Teorías sobre la manipulación psicológica

Hasta ahora, la manipulación sólo ha sido objeto de peticiones filosóficas por derecho propio. En cualquier caso, el modo en que normalmente se piensa que la manipulación socava la legitimidad del asentimiento ha hecho que se le preste atención regularmente en ámbitos en los que está en juego la legitimidad del asentimiento.

Una de esas áreas es la moral clínica, donde las condiciones propuestas para el asentimiento educado autónomo hacen referencia regularmente a la necesidad de garantizar que el asentimiento no sea manipulado. De hecho, una de las conversaciones filosóficas continuas más puntuales sobre la manipulación aparece en el poderoso libro de Ruth Faden, Tom Beauchamp y Nancy King, A History, and Theory of Informed Consent (1986). La opinión de que la manipulación socava la legitimidad del asentimiento está ampliamente extendida entre los especialistas en ética clínica. Sin embargo, se entiende mucho menos cómo decidir si un determinado tipo de impacto es manipulador. En ningún lugar es más clara esta falta de comprensión que en las conversaciones en curso sobre los "empujones".

La idea de un empujón fue presentada por Cass Sunstein y Richard Thaler para aludir a la presentación consciente de impactos discretos y no coercitivos en la dinámica de los individuos para conseguir que se asienten en decisiones progresivamente ideales (Thaler y Sunstein 2009; Sunstein 2014). Algunos empujones simplemente dan datos mejores y progresivamente inteligibles; estos empujones parecen describirse mejor como impactos que mejoran la naturaleza de la ponderación sana. En cualquier caso, otros empujones funcionan por componentes mentales cuya relación con la consulta objetiva es defectuosa, en el mejor de los casos. Un gran número de estos empujes abusan de la heurística, las predisposiciones dinámicas y de pensamiento, y otros procedimientos mentales que funcionan fuera de la atención cognitiva. Por ejemplo, algunas pruebas recomiendan que los pacientes están obligados a elegir una actividad si se les informa de que tiene una tasa de resistencia del 90% frente a una tasa de bajas del 10%. ¿Sería manipulador que un especialista abusara de este impacto circundante para empujar al paciente a decidirse por la opción que el especialista considera mejor? ¿Es manipulador que un jefe de cafetería ponga a la altura de los ojos los alimentos más beneficiosos para empujar a los clientes a elegirlos? El tema de si se puede manipular, y cuándo, ha sido objeto de una enérgica discusión.

Algunos defensores de los empujones recomiendan que, dado que a menudo es difícil esbozar una elección sin señalar al líder algún camino, no hay nada de manipulador en rodear tales elecciones de una manera en lugar de otra. Por ejemplo, los médicos deben dar datos de resultados, ya sea en relación con el índice de bajas o con el índice de resistencia (o en caso de que den ambos, deberían dar uno primero), y los directores de cafetería deben elegir algo para ponerlo a la altura de los ojos en las presentaciones. Siendo esta la situación, ¿por qué imaginar que escoger a propósito un método para rodear la elección sobre otro es manipulador? Algunas salvaguardias de los pokes recomiendan que en las situaciones en las que es ineludible introducir un impacto no objetivo en la dinámica, hacerlo intencionadamente no es manipulador. Sea como fuere, hay motivaciones para tener cuidado con esta línea de pensamiento. Supongamos que Jones se aventura a ir a una reunión de posibles empleados en un vehículo de metro tan cargado que es inevitable que choque con sus compañeros de viaje. Supongamos que se aprovecha de esta realidad para golpear a propósito a su adversario del trabajo (que está en un vehículo de metro similar) fuera de la entrada de forma similar a como se cierra, garantizando así que llegará tarde a su reunión. Evidentemente, el hecho de que algunos golpes por parte de Jones fueran inevitables no perdona que Jones golpeara a su adversario a propósito. Además, independientemente de que definitivamente introduzcamos impactos anormales en la dinámica del otro, esa realidad parece ser deficiente para demostrar que tales impactos nunca pueden ser manipulables. Lo más probable es que esta relación sea defectuosa, pero debería servir para plantear dudas sobre la presunción de que un golpe consciente no es manipulable, esencialmente a la luz del hecho de que algunos golpes son ineludibles.

Unas conversaciones más matizadas sobre la manipulación de los choques se centrarán en general menos en la certeza del empuje hacia un camino u otro, y más en los sistemas por los que se producen los choques, y el rumbo al que empujan al individuo que es empujado. A pesar de que existe una amplia comprensión de que algunos empujones pueden ser manipuladores, hasta ahora no se ha llegado a un acuerdo sobre qué empujones son manipuladores o cómo reconocer los manipuladores de los no manipuladores.

Las investigaciones sobre la autenticidad de los golpes van más allá del ámbito clínico. Thaler y Sunstein abogan por su utilización por parte del gobierno, los gestores y otras fundaciones distintas de la industria de los seguros sociales. La utilización de los golpes por parte del gobierno suscita preocupaciones adicionales, en particular sobre el paternalismo que hay detrás de ellos (Arneson 2015; White 2013). Los filósofos y los estudiosos de la política también han planteado preguntas sobre diferentes tipos de manipulación en el ámbito político. La posibilidad de que los pioneros de la política puedan recoger, sostener o unir la fuerza política mediante implica que ahora volveríamos a manipular se puede seguir en cualquier caso desde las antiguas figuras griegas como Calicles y Trasímaco. Nicolás Maquiavelo sutiliza y sugiere estrategias políticas que casi con seguridad consideraríamos manipuladoras.

En el campo de la moral empresarial, muchas consideraciones filosóficas se han centrado en el tema de si la publicidad es manipuladora. El analista de mercado John Kenneth Galbraith denominó ampliamente el publicitar como "la manipulación del deseo del comprador" y contrastó es el objetivo de promocionar y ser asaltado por espíritus malignos que le inculcaron energía algunas veces para las camisas de seda, de vez en cuando para los utensilios de cocina, de vez en cuando para los orinales, y de vez en cuando para la calabaza de naranja. (Galbraith 1958)

Algunos filósofos han realizado reacciones comparativas a la promoción. Con frecuencia, estas reacciones se limitan a tipos de publicidad que no transmiten simplemente datos verdaderos exactos. Al igual que en el caso de las promociones simplemente esclarecedoras, parece difícil garantizar que la publicidad que sólo transmite datos verificables exactos sea manipuladora. Sea como fuere, la mayoría de los esfuerzos de promoción para impactar en la conducta del cliente implica otra cosa o no dar absolutamente datos precisos. Esta publicidad no esclarecedora es el objetivo más capaz para las tensiones sobre la manipulación. Tom Beauchamp y Roger Crisp han hecho afirmaciones convincentes de que este tipo de promoción puede ser manipuladora (Beauchamp 1984; Crisp 1987).

Las reacciones comparativas garantizan que la publicidad no esclarecedora puede subvertir la autosuficiencia o meterse inadecuadamente con los deseos de los compradores (por ejemplo, Santilli 1983). Dichos estudios son una forma o un parentesco cercano para escudriñar la promoción como manipulación. En el lado opuesto, Robert Arrington sostiene que, en realidad, la publicidad muy de vez en cuando manipula su multitud o socava la independencia de su multitud (Arrington 1982). Michael Phillips ha reunido un enorme grupo de pruebas exactas para sostener que, si bien parte de la publicidad es manipuladora, sus autores sobrestiman enormemente su capacidad para influir en los compradores (Phillips 1997).

Diferentes tipos de manipulación

La manipulación es un tipo de engaño en el que se consigue que alguien haga lo que uno quiere que haga.

Existen numerosos tipos de manipulación, entre los que se incluyen:

Utilizar la simpatía y la culpa

Haciendo que el otro individuo se sienta culpable y considerado, el individuo que utiliza esta estrategia puede conseguir lo que necesita. Como personas, nos sentimos mal por los individuos que están en condiciones problemáticas. Intentamos ayudarles con pasión haciendo todo lo que nos piden.

Causando que parezcan indiferentes

En el momento en que un individuo se separa de ti, intentas romper con eso y plantearle más preguntas. En este momento, el individuo puede conseguir que hagas lo que necesitan. Les haces preguntas constantemente y pueden mencionarte lo que necesitan sin tener que decirlo realmente para que todos lo oigan. En este momento, pueden manipularte para que te sientas mal por ellos e intentar que se sientan mejor.

Manipulación para Ganar

Este tipo de Manipulación utiliza el menosprecio del otro individuo. El Manipulador escudriña al otro individuo de tal manera que le hace sentir torpe y avergonzado. Nos hacen preguntas que no podemos responder, haciéndonos sentir mal e incompetentes. De un modo u otro, nos hacen sentir que el principal individuo correcto del planeta es ellos. Al utilizar el análisis y hacernos caer, cuestionan todas nuestras actividades. Por razones desconocidas, su análisis y causa de auto-cuestionamiento los hace mejores que nosotros, causando que nos sintonicemos sólo con ellos.

Utilizando la Intimidación

Haciendo que les temamos a ellos y a lo que han hecho antes, nos rendimos ante ellos. No nos desanimaremos por sus maneras manipuladoras, ya que tememos lo que nos harán.

Mentir

Los depredadores mienten continuamente sobre todos los aspectos de su vida. Lo hacen para engañar a su desafortunada víctima y confundirla. La mentira es uno de los métodos de manipulación que los dementes utilizan normalmente, ya que no se lo piensan dos veces.

No contar toda la historia

Esto es diferente a mentir, ya que un depredador se guarda regularmente una parte clave de la historia para poner a su desafortunada víctima con la guardia baja.

Visitar los cambios de temperamento

No comprender nunca en qué estado de ánimo estará su cómplice cuando regrese a casa, independientemente de si estará contento o enfadado, es un recurso valioso para el depredador. Mantiene a su individuo herido tambaleándose y lo hace progresivamente dócil.

Bombardeo de amor y degradación

Los narcisistas comúnmente usan el bombardeo de amor como una estrategia manipuladora, ellos irán en una apelación hostil y conseguirán guiarte a la conclusión de que esta es la mejor relación de la historia, en ese punto te dejarán caer como una gran cantidad de bloques sin aclaración.

Pone a la persona en cuestión

El Manipulador asumirá él mismo el trabajo de víctima desafortunada para recoger la compasión y la simpatía de la gente alrededor de ellos. Como personas, normalmente nos atrae ayudar a los individuos cuando tienen problemas.

Se centra en la persona en cuestión

En el momento en que un Manipulador culpa a la desafortunada víctima por su mal comportamiento, está haciendo que el individuo herido se proteja mientras el depredador puede velar sus propios métodos de manipulación. La atención se centra en la persona en cuestión, no en el informante.

Retroalimentación alentadora

Esto incorpora la compra de regalos costosos, elogiarlos, darles dinero en efectivo, decir continuamente "lo siento" por su conducta, apelar de manera irracional y dar racimos de consideración.

Jugar la carta de la inocencia

Un auténtico Manipulador fingirá el más extremo aturdimiento y desconcierto al ser culpado de cualquier mal comportamiento. Su conmoción es tan persuasiva que la desafortunada víctima puede escudriñar su propio juicio.

Animación desmedida

Los manipuladores utilizan regularmente la ira y la animosidad para aturdir a sus individuos perjudicados para que se acomoden. El disgusto es adicionalmente un dispositivo para cerrar cualquier discusión adicional sobre el tema ya que el desafortunado casual está asustado, sin embargo, centrado actualmente alrededor de la Manipulación de la indignación, no del primer tema.

Finge amor y simpatía

Los depredadores, por ejemplo, los casos mentales y los sociópatas, no tienen ni la más remota idea de cómo querer a alguien que no sea ellos mismos, y no pueden sentir compasión; sin embargo, pueden profesar hacerlo para invegar a otros en sus vidas.

CAPÌTULO III

VICTIMAS DE MANIPULACIÒN

Ellos pueden encontrar en cualquier sitio, incluso en los lugares que más visitamos. Puede ser tu jefe, tu vecino, un socio, un familiar lejano o cercano, o incluso un compañero; estamos hablando de individuos que son expertos en ciertos sistemas de manipulación y los utilizan para confundirnos.

A pesar de que están a nuestro alrededor, es difícil identificar a estos individuos, sus cualidades y características no son claras. Nadie transmite una señal en la sien; se nota que es un narcisista o un sociópata. En definitiva, ¿cómo podríamos alejarnos de ellos?

¿Por qué yo?

Los manipuladores se benefician del tormento de los demás. En consecuencia, no es que seas impotente, indefenso o poco común, sin embargo, que eres otro individuo herido para ellos, sólo un número progresivo.

Todos hemos repartido la culpa o la duda tras circunstancias concretas en las que estamos incluidos. Es más, lo más terrible es que lo sentimos sin saber cómo ni por qué. Sin embargo, la verdad del asunto es que los resultados nos salpican, minan nuestra confianza, enredan nuestras vidas e incrementan nuestra debilidad. ¿Cómo lo harían sin que apenas tomáramos nota?

Sistemas de manipulación psicológica

En general, hay numerosos tipos de individuos manipuladores: sociópatas, narcisistas, mentirosos o supuestos vampiros de la Psicología. Además, identificarlos es una cuestión más viable que hipotética. De esta manera, en el caso de que hayas sido víctima de ellos antes o después, te será más sencillo preverlos.

Sea como fuere, los objetivos de los individuos manipuladores pueden ser vistos como extremadamente claros, y siguen un ejemplo específico. Una parte de estas estrategias manipuladoras de la Psicología incluyen:

- Erradicar tu autodisciplina: tratando de plantar preguntas con el objetivo final de que te quedes bajo el "seguro" del Manipulador.
- Destruir tu confianza: desechando todo lo que haces o has hecho. No son productivos en su análisis; sólo intentan pintarte de negro.
- Venganza pasiva: te rechazan pasando de ti. En el momento en que los necesitas, te apartan. Independientemente de que les preguntes algo, es posible que no se dirijan a ti.
- Tergiversación de la realidad: aprecian confundir a los individuos y crear contenciones y falsas impresiones entre los demás. Después de haber creado una pregunta, se quedan sin participar, pasándoselo fabulosamente bien viendo a los demás contender.

Saber mantener una distancia estratégica de los métodos de Manipulación de la Psicología y la manipulación puede producir una profunda impresión en cada uno de nosotros. En este sentido, es esencial que pensemos en los procedimientos de Manipulación Psicológica utilizados regularmente. El objetivo es averiguar cómo visualizar sus actividades y no ser uno de sus maniquíes.

Estos individuos regularmente se ríen de nuestras suposiciones, nos acusan o nos hacen sentir culpables, nos agreden sin pretensiones, nos interrogan, no hacen lo que no les intriga, intentan hacer el egocentrismo, impiden las certezas... Todo por afirmar que estas cosas son importantes para manipular la circunstancia. Sin embargo, ¿qué métodos de manipulación mental utilizan para lograrlo?

Gas-lighting

El Gas-lighting es uno de los procedimientos de Manipulación Psicológica más astutos. "Eso nunca ha ocurrido", "No lo dudes" o "¿Estás loco?" son cosas básicas que afirman para mutilar y confundir tu sensación del mundo real, haciéndote pensar algo que no ha ocurrido.

Impregna a las personas explotadas de una escandalosa sensación de angustia y desconcierto, hasta tal punto que dejan de confiar en sí mismas o en su propia memoria, discernimiento o juicio.

Proyección

El manipulador traslada sus cualidades adversas o su deber con respecto a sus prácticas a otra persona. Los narcisistas y los sociópatas lo utilizan demasiado, afirmando que lo detestable que les rodea no es su defecto, sino el tuyo.

Discusiones inútiles

Diez minutos de discusión; es, sin duda, cuando se abandona la discusión. Los manipuladores balbucean, dan aclaraciones irracionales, hacen cortinas de humo, etc.

Simplemente se enredan; hacen monólogos e intentan abarcarte con su discusión. ¿Un consejo? Córtalo por tu bien. En caso de que puedas dejar los siguientes 5 minutos, mejor; tu psique te obligará mucho.

Especulaciones y exclusiones

Los manipuladores hacen articulaciones generales y dudosas. Pueden parecer eruditas; en cualquier caso, realmente, son poco claras. Sus decisiones son excesivamente amplias. Probablemente le expulsarán y arruinarán sus evaluaciones.

El ridículo

Recuerda que los manipuladores intentan minar tu espíritu y hacerte reconsiderar lo que aceptas. Pueden decirte lo que quieres decir. Le harán creer que pueden adivinar lo que usted puede estar pensando. En cualquier caso, no, ¡están simplemente engañados! Puedes revelarles que se reservan un privilegio a su valoración, sin embargo, te mantienes en tu posición. También puedes reaccionar a su extorsión con un "vale" o con expresiones bruscas.

Es interesante que alejes tu confianza de su capacidad. Necesitan tirar tu confianza al suelo para poder manipularte. Cuando eres frágil, la tarea es mucho más sencilla para ellos.

Conjunto bienintencionado

"Efectivamente, pero..." Si acabas de comprar una casa, te mencionarán que es una pena que no tengas otra a la orilla del mar. O, por el contrario, en el caso de que te veas más rica que nunca en los últimos tiempos, tomarán nota de que deberías llevar mejores aros. En el caso de que hayas terminado un reportaje impecable, verán que el cierre no está bien fijado.

Sea como fuere, eso no debería influir en ti. Tú sabes lo que vales; tus logros y tu templanza valen más que sus sistemas de manipulación. Intenta no darles validez, y júntate con personas que inviertan más energía en empujar lo que es correcto y en empoderarte con análisis productivos, no con comentarios dañinos.

Oponte a su ataque de ferocidad

En el momento en que restringes a un Manipulador, lo más normal es que su enfado aumente rápidamente, sobre todo en el caso de que no sigas el juego. Su resistencia a la decepción no suele ser extremadamente alta. Es concebible que empiece a decir barbaridades e incluso a afrentarte, aludiendo a ti en términos duros y peyorativos. Es el producto de su duda.

Estos son los procedimientos de Manipulación Psicológica más discretos y sucesivos que los individuos utilizan para mortificarte. Controla tus sentimientos y mantén una actitud serena: es la mejor manera de alejarte de su Manipulación. Si no te rindes, se agotarán y acabarán buscando otra presa. La vida es en todo caso mucho mejor lejos de los individuos peligrosos.

La Manipulación Culpadora de Víctimas Desafortunadas, Una Forma de Violencia Psicológica

Uno de los signos que demuestran que un individuo ha experimentado la manipulación es que continuamente se disculpa por todo; pide la absolución antes de hablar, se disculpa por reírse o siente que tiene que racionalizar el hacer una pregunta. Todo esto demuestra una culpa ociosa e injustificada que flota sobre su realidad.

Este tipo de psicología no se origina en un aire de escasez. Lo que sucede regularmente es que alguien ha desestimado a este individuo como resultado de lo que declara o de la forma en que actúa. Independientemente, esto es ciertamente desafortunado casualidad culpar a la Manipulación.

Una víctima de esta Manipulación esencialmente siente que hace todo incorrectamente. El Manipulador saca a relucir sus errores y no soportan ni la decepción ni la conducta "incorrecta". Hacen algunos recuerdos difíciles para dar sentido a lo que hacen bien o mal.

Desgraciado que acusa las estrategias de Manipulación

En la vida de alguien que se siente arrepentido de todo, hay constantemente alguien que utiliza o utilizó estrategias de Manipulación acusadora de víctimas desafortunadas. Por lo general, es alguien que tiene una historia de la persona en cuestión: alguien adorado, respetado, o que tiene autoridad sobre ese individuo. La forma en que actúan es discreta, y de vez en cuando incluso feroz.

Estas son las estrategias de la psicología utilizadas en la desafortunada acusación de Manipulación:

- Rechazo (generalmente desprendido con fuerza). Estas actividades pueden incorporar el no conversar con el otro individuo, el echar un vistazo al otro individuo de una manera rebelde, o ridiculizarlo, sin decir directamente lo que precisamente le molesta del otro individuo.
- Evitar que surjan ciertos temas. En este momento, cuando surgen algunos temas,

reaccionan de forma contundente y básicamente piden que el otro individuo se calle. Nunca aclaran el motivo; básicamente aconsejan al individuo que deje de hablar.

- Destruyen la confianza. Utilizan intenciones eruditas o apasionadas para hacer que el otro individuo acepte que no es inteligente o que no está preparado para afirmar, hacer o pensar una cosa específica. Hablan continuamente de las imperfecciones del otro individuo.

- Se niega a reconocer o abordar un tema. Si se aborda un tema, el Manipulador hará todo lo posible para abstenerse de discutirlo. Esto incluye agredir al otro individuo para intentar poner todo sobre la mesa. Dirán o insinuarán que el otro individuo probablemente les hará daño.

Por lo tanto, las personas lesionadas que acusan manipulación comprenden un individuo dañar el otro individuo Psicología por lo que no se abordan. Su principal arma es limitarlos a través de diferentes métodos.

Escapar de este ciclo fatal

Para escapar de este juego debilitado del individuo herido que acusa a la Manipulación, lo principal que tienes que hacer es percibir tus emociones. ¿Te sientes arrepentido a menudo? ¿Se disculpa continuamente por actividades que no deberían ser excusadas? Si este es el caso, debes reconocer que alguien te está manipulando. Algunas veces esto no es sencillo ya que este individuo podría ser tu madre, tu cómplice, o alguien a quien realmente quieres o aprecias.

El avance más significativo realmente percibe la circunstancia. Este individuo, en su mayor parte, estalla con usted, o con el mundo. Ordinariamente sientes como si fueras a soltar este disgusto mucho más; debes conquistar este pavor para seguir adelante.

Asimismo, tienes que entender que, en el caso de que hayas hecho algo mal, no debes echarte la culpa; simplemente reconoce lo que has estropeado, asume la responsabilidad por ello e intenta arreglarlo. A partir de ahí, no hay nada más que puedas hacer.

Enfrentarse a la Manipulación

Lo que debe hacer a continuación es impedir que el individuo perjudicado acuse la Manipulación. Para ello debe estar muy atento y mantener la calma. He aquí algunas técnicas aceptables:

- Evite darle demasiadas vueltas. Intenta no sumergirte en consideraciones ilimitadas sobre lo ocurrido, sus causas o sugerencias. Estas cosas simplemente te están manipulando y tienes que acabar con ello.
- Pide una explicación. Pide al Manipulador que te explique con precisión por qué razón lo que has dicho o hecho les molesta. Tienen que mencionarte qué es lo negativo de ello. Intenta convencerles de que lo que estás haciendo es correcto y que no deberían enfadarse. Puede que no funcione desde el principio, sin embargo, obtendrás grandes resultados a su debido tiempo.

- Recupera tu derecho a comunicarte. Recuerda que te reservas la opción de comunicar y tus planes al manipulador. Tus convicciones y perspectivas no deberían molestar a nadie, excepto si intentas imponerlas a otra persona.

Es difícil arreglar la desafortunada casualidad que acusa la Manipulación, sin embargo, es ciertamente factible. El misterio es abrazar otra conducta y ser perseverante. Lo conseguirás en poco tiempo.

Signos de una pareja manipuladora

A menudo dan un tratamiento silencioso

Requieren su propio espacio para procesar sentimientos pesimistas como el descontento o la miseria es una sólida experiencia de adaptación; en cualquier caso, la negativa total a dirigirse a otra persona a la que no puede evitar contradecir o "rechazarla", no lo es. Un individuo manipulador utilizará esta estrategia para asumir la responsabilidad de la conversación. A fin de cuentas, no se puede continuar con una discusión si uno de los interlocutores está inerte.

Surgir a través de una decisión

Los representantes de ventas utilizan frecuentemente esta estrategia para conseguir que los compradores sientan el peso del tiempo y elijan rápidamente. El manipulador utilizará esta estrategia para conseguir que sus explotados sientan ese peso de tiempo equivalente y reaccionen para conseguir la reacción que necesitan.

Pequeñas peticiones de grandes favores

En muchos casos, un cómplice manipulador conseguirá su pie en la entrada pidiendo un poco, la bondad sutil de usted y una vez que usted ha consentido a eso, ellos alcanzan con su solicitud mucho más grande. En el caso de que te dispongas a protestar por su mayor solicitud, ellos irán por ahí como si estuvieras fuera de base al no ser aceptado en tu promesa o en una alegación comparativa.

Remordimientos

Yo, al igual que otras personas, aprecio viajar, sin embargo, ¡aborrezco ir a los ataques de remordimiento puestos por un Manipulador! Los ataques de remordimiento son un recurso generalmente utilizado por un Manipulador cuando no consiguen lo que necesitan. El Manipulador invertirá la situación para hacerte sentir que estabas fuera de base y que les has molestado esencialmente con tus quejas.

Se hacen los tontos

La ciencia del cerebro hoy en día caracteriza oficialmente este término como "olvido de la imaginación". Normalmente, no sería un buen augurio pedir algo a alguien que no comprende el encargo o que no está preparado para terminarlo. Los individuos manipuladores se dan cuenta de que, en la remota posibilidad de que afirmen que no comprenden dónde han salido mal o lo que les estás pidiendo, pueden conseguir algo de tiempo con respecto al asunto o mantener una distancia estratégica de ello.

Te roban la confianza en ti mismo

Aquellos con poca valentía son objetivos obvios de un Manipulador ya que sin duda pueden mantener un sentimiento de autoridad sobre ese individuo. Los cómplices manipuladores censurarán, reprenderán o menospreciarán continuamente a su cómplice para mantener un grado específico de poder sobre ellos.

Son pasivo-agresivos

La conducta de fuerza no es constantemente física. Algunos casos de prácticas de fuerza desapegada son cosas como "pasar por alto" recados que deberían hacerse, elogios solapados y burlas. En muchos casos, estas prácticas se utilizan como enfoques para comunicar la indignación coordinada hacia alguien.

Prácticamente no hay resolución de conflictos

En el momento en que usted tiene la sensación de que usted ha estado discutiendo un choque similar durante mucho tiempo o incluso un tiempo muy largo sin objetivos, es concebible que hay prácticas de manipulación cerca. Tu cómplice puede haber terminado la discusión dejándote de acuerdo con algo que tal vez no apruebes tanto.

Se hacen constantemente las víctimas

Si tienes la sensación de que tu cómplice está exagerando continuamente su grado de malestar físico o entusiasta, puede que esté intentando manipularte. Un individuo manipulador puede jugar al individuo herido para intentar provocar sentimientos de culpa o un sentimiento de defensa en ti para contorsionar la circunstancia a su favor.

Fingen preocupación

Con el objetivo de socavarte, un individuo manipulador se mostrará de la nada intrigado por lo que está sucediendo en tu vida. En el caso de que decidas darles acceso, pueden pasar por alto tu información totalmente y manipular la circunstancia en su beneficio.

Las conexiones no están ligadas a la medida en que podemos manipular a otra persona o sacar provecho de ella; las conexiones están ligadas a la formación de una conexión sólida y funcional con alguien en quien podemos confiar, respetar y considerar. Cuando descubras a un cómplice que pone recursos en tu desarrollo y prosperidad, verás que las conexiones están pensadas para hacernos sentir alegres y asegurarnos de ello.

Tratar con personas manipuladoras

Manipulación psicológica: un término apilado y equívoco. Alude a la conducta de mentir, deformar, agobiar, iluminar con gas y, en cualquier caso, manipular sinceramente, en la que están implicados numerosos individuos, lo cual es molesto pero acogedor. Los manipuladores pueden ser tus padres, tus cómplices o incluso tus hijos. Ninguna acepción del término parece adecuada, aparte de la abstracta: Cuando se anula tu punto de vista, cuando se reduce metódicamente tu capacidad en una relación y cuando los enfrentamientos se cargan sinceramente de maneras que te mantienen tembloroso y miserable, te sientes manipulado1.

Dado que la experiencia de la manipulación se centra en la vulnerabilidad y el desorden, como si los principios típicos de las conexiones se hubieran modificado para beneficiar al otro individuo, descubre que puedes reaccionar a esta conducta de maneras viables. Sólo uno de cada extraño movimiento manipulador puede ser matado, y pocos de cada extraño individuo manipulador en su vida reaccionarán a cada método, excepto que, en general, estos son los enfoques más ideales para aferrar su solidez racional mientras se mueve en la dirección de una relación cada vez más estable.

En general, la pauta principal para trabajar con un individuo manipulador, especialmente uno rabioso o activado manualmente, es la seguridad. En el caso de que su relación le haga sentirse en riesgo, debe crear un acuerdo para mantener su prosperidad. Descubra a una persona de su confianza y aclare la circunstancia en detalle. Si su condición de hogar no tiene una sensación de seguridad, retírese de él brevemente (o para siempre, si es necesario). Acércate para decirle a un cómplice o pariente furioso que no puedes impartir mientras te gritan, y afirma que te irás hasta que el individuo en cuestión se calme. (Puede decidir incluir que volverá más tarde, para intentarlo una vez más.) Si tiene que retirarse, asegúrese de establecer puntos de corte físicos: Salga de la habitación, abandone el desván o cierre la entrada. Detenga el vehículo o rechace conducir con el otro individuo. Invierta energía con el individuo sólo cuando una persona externa esté disponible. Deje de entender sus mensajes. Establezca límites que salven su seguridad, así como su verdadera serenidad.

En el momento en que inicies una discusión, hazlo de forma no combativa; esto implica elegir el momento perfecto para hablar. En algunas ocasiones, tendrás lo más lejos posible cuando se haya violado un límite; en otras, decidirás no elevar una pequeña contención a una mayor. Si presume que su cómplice o pariente está indefenso ante los sentimientos de renuncia, conozca las ocasiones en las que el individuo se siente distanciado o despedido. Conectarse en ocasiones como éstas no propiciará conversaciones productivas, como tampoco lo hará la estrategia de alejarse de su cómplice para rechazar a esa persona. Usted sabrá sobre su propio estado de ánimo mientras se enfrenta al individuo manipulador en su vida, a la luz del hecho de que sus propios sentimientos pueden sin mucho esfuerzo (y no en todos los casos de apoyo) influir en la discusión que está tratando de tener.

Adoptar una estrategia no combativa implica igualmente declinar las represalias cuando te agreden. Discutir sobre las realidades no será doloroso; es posible que simplemente te quedes atrapado en la maleza. A decir verdad, es mejor escuchar a tu cómplice y reflejar sus emociones con tus propias palabras. Intenta retener y repetir su posición, en lugar de responder a ella, aunque no estés de acuerdo con la comprensión de la realidad por parte de tu cómplice; incluso puedes intentar relacionarte realmente con el sentimiento que hay detrás de esta traducción; incluso puede que tengas que preguntar si comprendes completamente su mensaje. Reacciona con articulaciones del "yo" que reflejen tu propia realidad, pero sin acusar, descifrar o diagnosticar.

Con respecto a la expresión de tu perspectiva, tendrás completamente claro lo que aceptas. Puede ser difícil mantener tu punto de vista a pesar de las mutilaciones, los adornos o el poder apasionado que puedas entender. Tenlo en cuenta: Te reservas la opción de tu suposición, de comunicar tus necesidades y de ser tratado con deferencia. También te reservas el derecho a decir que no. Mantener estas realidades en lo más alto de la lista de prioridades puede ayudarte a establecerte mientras expresas tu posición. Solicita lo que necesites: por ejemplo, una declaración de arrepentimiento, un ajuste en la forma en que te han tratado, o sólo una afirmación de tu punto de vista. Aclara que eres responsable de tus decisiones, al igual que el otro individuo es responsable de su conducta. Si el otro individuo intenta pasar a otro tema, confundir el asunto o trasladar la responsabilidad a ti, no te desanimes. En situaciones como ésta, es probable que te sientas realmente incitado o sobreestimulado, sin embargo, intenta ceñirte a tu único punto de vista. Manténgase concentrado en la contención, y no intente contender sobre la contención.

Por otra parte, aunque pidas que se tengan en cuenta tus puntos de vista, también deberías tener en cuenta los del otro individuo. Su reacción puede hablar de una verdadera articulación de sentimientos, en lugar de una mentira malintencionada. Independientemente de que digan cosas que no son precisas, puedes tener la opción de rendirte que te sentirías precisamente como ellos si estas cosas fueran válidas. Mantén esta diferenciación en tu psique mientras intentas diferir sin negar la perspectiva del otro individuo.

Al reaccionar ante el individuo que te parece manipulador, la pauta más significativa es establecer los límites de una manera razonable, fiable y sin prejuicios. Su punto general debe ser que estos puntos de corte -por ejemplo, el debe liberarse de las llamadas urgentes a las 12 de la noche o del enfado irracional cuando vuelve a casa tarde- mejorarán su relación. Los grandes límites y la consideración común harán que sea más sencillo llevarse bien. Intenta no perder el tiempo discutiendo sobre la sensatez de tus propios puntos límite; sólo tienes que decir que son esenciales para ti. Establezca ramificaciones claras para la infracción de los límites, por ejemplo: "En caso de que sigas gritándome, debería salir, a la luz del hecho de que no puedo conversar contigo cuando no hay duda". Añade también resultados positivos: "En el caso de que podamos sentarnos a hablar de esto, tendremos la opción de pasar una noche agradable juntos".

También es fundamental saber cuándo hay que marcharse. A decir verdad, es posible que tu cómplice, compañero o pariente siempre sea incapaz de controlar bien sus sentimientos para tratarte decentemente. En el caso de que esto resulte evidente, pon fin a la discusión. Cuando hayas llegado a una conclusión significativa, y hayas sido claro sobre lo que has pedido, deberías sentir cierta certeza de que la otra parte -en algún nivel- comprende lo que persigues. Si las cosas terminan así, es alentador, independientemente de que no obtengas la satisfacción que buscabas inicialmente.

En general, para adaptarse a la manipulación, lo ideal es seguir cuatro normas esenciales: Conocer tus privilegios y tus puntos de corte; establecer límites claros y adecuados de forma consciente e imparcial; percibir y mantenerse al margen de los intentos de la otra persona por aumentar la contienda o descuidar el asunto, y esforzarse constantemente por garantizar tu propio bienestar.

CAPÌTULO IV

MANIPULACION Y MANIPULADOR

Los individuos manipuladores han dominado el arte del doble juego. Pueden parecer buenos y serios, pero a menudo eso es sólo una fachada; es un método para atraerte y atraparte en una relación antes de mostrar su naturaleza genuina.

Los individuos manipuladores no están realmente interesados en ti aparte de como un vehículo para permitirles recoger la manipulación con el objetivo de que te conviertas en un miembro reacio en sus acuerdos. Tienen algunas maneras diferentes de hacer esto, el mismo número de usted percibirá. Regularmente tomarán lo que declaras y haces y lo convulsionarán para que lo que dijiste e hiciste resulte apenas conspicuo para ti. Se esforzarán por confundirte, posiblemente haciéndote sentir como si estuvieras loco. Tergiversan la realidad y pueden depender de las mentiras si sirven a su fin.

Los individuos manipuladores pueden jugar con la persona en cuestión, haciéndole aparecer como la persona que causó un problema que ellos iniciaron, pero del que no asumirán la responsabilidad. Pueden ser latentemente enérgicos o decentes en un momento y distantes al siguiente, para mantenerte especulando y para ir tras tus sentimientos de inquietud y debilidad. Con frecuencia te hacen ser precavido. Asimismo, pueden ser increíblemente contundentes y horrendos, recurriendo a ataques y análisis cercanos, acosados en su búsqueda por conseguir lo que necesitan. La amenaza y el compromiso, y no se desprenderán ni dejarán de hacerlo hasta que te agoten.

Características del Manipulador:

- Culpa al otro, en beneficio de la relación familiar, el parentesco, el amor, la devoción competente, etc.
- Él/ella transmite la obligación sobre otros o deja de sus propios deberes.
- Él/ella no transmite claramente sus peticiones, necesidades, sentimientos y sensaciones.
- Él/ella reacciona dudosamente regularmente.
- Él/ella cambia sus evaluaciones, perspectivas, emociones, según el individuo o la circunstancia. Depende de motivaciones legítimas para enmascarar sus casos. Hace que los demás acepten que deben ser grandes, que nunca deben alterar sus perspectivas, que deben saberlo todo y reaccionar rápidamente a las solicitudes y preguntas.
- Él/ella arruina las capacidades, la aptitud y el carácter de los demás: Deprecia y decide sin parecerlo. Transmite mensajes a través de los delegados (teléfono en lugar de recoger el de cerca y personal, dejar notas compuestas).
- Él/ella planta la disensión y hace la duda, la separación, y la regla, y podría romper un par.
- Él/ella se da cuenta de cómo ponerse como una baja desafortunada para que estemos disgustados

por él/ella (enfermedad exagerada, condición de "prueba" de sobrecarga de trabajo, etc.).

- Él / ella hace caso omiso de las solicitudes (independientemente de si él / ella dice que tratar con ellos).
- Él / Ella utiliza las normas éticas en otros para cumplir con sus requisitos. Compromete o coacciona de forma transparente. Cambia de tema de repente durante una discusión. No acude a la reunión o se escapa de ella. Depende del olvido de los demás y de la fe en su prevalencia. Miente.
- Él/ella da lecciones a los falsos para que se familiaricen con la realidad, la deforman y la descifran. Es egocéntrico.
- Él/ella puede ser deseoso/a sin importar si él/ella es un padre o un compañero de vida.
- Él/ella no soporta el análisis y de ahí la conspicuidad. No tiene en cuenta los derechos, necesidades y deseos de los demás.
- Él/ella utiliza todo el tiempo el último minuto para pedir, solicitar o hacer actuar a los demás. Su discurso parece ser inteligente o cognoscitivo, mientras que sus perspectivas, actividades o forma de vida responden al ejemplo contrario.
- Él/ella utiliza palabras melosas para satisfacernos, hace bendiciones o comienza abruptamente a consentirnos.
- Él/ella crea una condición de incomodidad o sentimiento de falta de libertad (trampa).
- Él/ella tiene mucho éxito en el cumplimiento de sus propios objetivos, pero en detrimento de los demás.

- Él/ella nos hace hacer cosas que probablemente no haríamos en nuestra propia elección.
- Él/ella sigue siendo el tema de las conversaciones entre las personas que lo conocen, sin importar que no esté presente.

A continuación, se presentan nueve cualidades de los individuos manipuladores, por lo que se dará cuenta de lo que debe buscar cuando uno viene su dirección. La comprensión de estos sistemas de trabajo esenciales puede ayudar a evitar que usted sea maniobrado en una relación manipuladora. Permanecer alarmado, mantenerse en contacto con lo que sabes que es válido sobre ti mismo, y prever lo que está por venir te capacitará para esquivar una contención y mantener tu propia respetabilidad.

- Los individuos manipuladores o bien necesitan comprender cómo atraen a los demás o hacen ciertas situaciones, o bien realmente aceptan que su método para tratar una circunstancia es la forma principal, ya que implica que sus necesidades están siendo satisfechas, y eso es lo único importante. Finalmente, todas las circunstancias y conexiones tienen que ver con ellos, y lo que los demás piensen, sientan y necesiten realmente no tiene importancia: Los manipuladores, los abusadores y los individuos manipuladores no se dirigen a sí mismos. No preguntan si el problema es ellos. Generalmente afirman que el problema es otra persona.

- Los individuos manipuladores no comprenden la idea de los límites. Son constantes en la búsqueda de lo que necesitan y tienen poco respeto por quien resulta herido en el proceso. Entrar en tu espacio - de verdad, interiormente, psicológicamente o profundamente- no les preocupa. Necesitan entender lo que significa el espacio individual y el carácter, o simplemente les da igual. Pueden ser comparados con un parásito - en el mundo normal, esto es frecuentemente una relación adecuada. En cualquier caso, en la conducta humana, beneficiarse de alguien en su detrimento es agotador, debilitante, desvalorizante y menospreciante.
- Un manipulador mantiene una distancia estratégica de los deberes con respecto a su directo, reprendiendo a los demás por causarlo. No es tanto que los individuos manipuladores no comprendan la obligación. Lo hacen; un individuo manipulador simplemente observa que no hay nada de malo en negarse a asumir la responsabilidad de sus actividades, incluso haciendo que usted asuma la responsabilidad de las suyas. Por último, pueden intentar que usted asuma la responsabilidad de cumplir con sus requisitos, descartando la satisfacción de los suyos.
- Los individuos manipuladores van detrás de nuestra sensibilidad, afectividad entusiasta y, particularmente, de la buena fe. Se dan cuenta de que tienen una posibilidad decente de guiarte hacia una relación ya que eres un individuo amable, con sentimientos y cariñoso, y, obviamente, por el

hecho de que necesitas ayudar. Es posible que tengan en cuenta tu integridad y consideración desde el principio, y que te adoren con regularidad por la increíble persona que eres. Sea como fuere, después de algún tiempo, el reconocimiento de estas características será limitado ya que estás siendo utilizado en la administración de alguien a quien realmente no podrías importarle menos. Simplemente se preocupan por lo que puedes lograr para ellos.

- En el caso de que necesites un método simple para reconocer a los manipuladores de los individuos compasivos, enfócate en la manera en que hablan de otros comparables a ti. Regularmente hablarán de ti, a pesar de tu buena fe, de manera similar a como conversan contigo sobre los demás. Son expertos en la "triangulación", es decir, en crear situaciones y elementos que tengan en cuenta el interés, la contención y el deseo, y que apoyen y promuevan la discordia.

- Nunca pierdas el tiempo intentando revelar cuál es tu identidad a personas que se centran en malinterpretarte. Si alguien no te entiende, no te quedes cerca aguantando hasta que lo haga. Intenta que tu objetivo principal no sea conseguir que te comprendan y que te gusten, ya que no están intrigados por ti como individuo.

- Retrata a los individuos por sus actividades y nunca serás engañado por sus palabras. Recuerda continuamente que lo que un individuo dice y hace son dos cosas distintas. Observe a alguien con atención, sin racionalizarlo - en su mayor parte, lo que ve es lo que obtiene.

- Si la persona se esfuerza tanto en ser una persona decente como en decir que lo es, puede ser realmente una persona decente. Este es un punto psicológico: Nuestra experiencia subyacente y nuestra visión de alguien influyen de forma decisiva en la creación de nuestra relación con él. Si comprendiéramos desde el primer momento que un individuo no es quien parece ser, y que simplemente se esconde detrás de lo que parece, a todas luces, una conducta socialmente digna, en ese momento quizá seríamos progresivamente cuidadosos a la hora de relacionarnos con él.

- Normalmente se mira lo que se acepta. No hacemos esto lo suficiente. A medida que la vida avanza, nuestras convicciones y perspectivas pueden cambiar, y tenemos que saber cómo nos influyen estos pensamientos cambiantes. En el momento en que no sabemos lo que aceptamos, es muy sencillo permitir que otra persona que está segura de que sus convicciones son correctas -tanto para ella como para ti- se esfuerce por manipular tu razonamiento:

En lo que respecta a la manipulación de las personas, no hay ningún instrumento preferible a la falsedad. Ya que la gente vive por convicciones. Es más, las convicciones pueden ser manipuladas. La capacidad de manipular las convicciones es lo más importante.

CAPÌTULO V

DEFENDERSE DE LA MANIPULACIÒN

U Un número significativo de nosotros no entiende que están intentando manipularnos y confundirnos. Podemos tener una inclinación incómoda en nuestras entrañas que no coordina las palabras del manipulador o sentirnos atrapados para coincidir con una solicitud. La gran mayoría responde de manera que aumenta el mal uso o da paso a las artimañas del manipulador, lo que puede hacer que nos sintamos poco y responsables, sin embargo, luego nos retiramos y permitimos una conducta inadmisible. En el caso de haber tenido un padre manipulador, puede ser más entusiasta percibir en un cómplice, ya que es conocido.

El conocimiento antiguo para "conocer a tu adversario" es básico a la hora de manejar a un manipulador. Tener la opción de detectar estos cerrojos ocultos le permite reaccionar deliberadamente a la manipulación sigilosa. Entender lo que están tramando te compromete.

En el momento en que los individuos actúan con fuerza, lo que parece inactivo o vigilado es la animosidad secreta. Es fácil comprobar hasta qué punto su conducta es consciente o inconsciente. Para la persona en cuestión, no hay diferencia. El impacto es el equivalente. Ser excesivamente compasivo te pone en riesgo de ser maltratado una y otra vez. En el momento en que alguien te agrede de forma inequívoca o a escondidas, está siendo contundente.

Los manipuladores están por todas partes: en los hogares, las escuelas, los lugares de culto, el lugar de trabajo. Y así sucesivamente; el manipulador se puede encontrar en cualquier lugar son.

¿Cuáles son algunas de las estrategias que utilizan los manipuladores? Algunas son descaradas; otras son más sutiles:

- La intimidación. Este es el enfoque de brazo sólido, y no tan poco pretencioso. El mensaje básico es: "En caso de que no hagas lo que necesito, desearás haberlo hecho".
- Sentido de la obligación. Esta estrategia incluye el "debería". Deberías hacer esto para ser un individuo decente. Deberías ocuparte de mis problemas. Deberías. Me lo debes...

El mensaje oculto es que, si no haces lo que "deberías", eres malo, cuestionable, infiel, terrible (cónyuge, marido, hijo, niña, compañero, etc.)

- Sarcasmo o humor cortante. Esto viene como una broma, y cuando sacas al otro individuo afirma: "Eres excesivamente delicado. ¿No serías capaz de aguantar una broma?". El mensaje básico es bullicioso y claro: "Sé quien necesito que seas o te golpearé con mis palabras".

- Hazte la víctima. El manipulador que continuamente tiene "tertulias de compasión" y actúa tan desolado que una vez le haces daño de nuevo (por aquello de que, en definitiva, eres un malvado despiadado). Para no sentirte como un malvado despiadado tienes que hacer/ser lo que el manipulador necesita.
- Suspirar/Aplastar/Golpear/Conducción Errática. Este método manipulador descarado tiene la intención de desairarte. El mensaje básico para ti mientras tu adorado martillea la entrada, se aleja, frena furiosamente, es: "Mis deseos no han sido satisfechos por ti, así que no hablaré contigo legítimamente, sino que expresaré mi desprecio por ti a través de mis actividades."
- Viajes de culpabilidad. Proclamaciones, por ejemplo, "¡Impresionante, qué suerte tienes!" o, "Alguna que otra madre le permite quedarse fuera hasta tan tarde como necesite. Ojalá no fuera tan manipulador". El manipulador arrepentido en forma sabe precisamente cómo presionar sus capturas. En la remota posibilidad de que detecte que usted se estresa por ser mezquino, destruirá esa por todo su valor.
- Lluvia de sentimientos. Este tipo de manipulador intenta conseguirte con bendiciones o potencialmente ofreciendo elogios irracionales. Debajo de su liberalidad hay sólidas cuerdas de compromiso, y en la remota posibilidad de que no respondas fielmente, habrá fuego del infierno para pagar.

- Tratamientos silenciosos/engañosos/malhumorados. Estas estrategias son métodos de fuerza inactiva para la disciplina por el mal comportamiento que ha hecho. Esta manipulación es difícil hasta tal punto que el individuo perjudicado hará todo lo posible para mantener una distancia estratégica con ellos.
- Estar intencionadamente parado. ¿Necesita alguna vez estar eternamente al lado de su adorado? ¿Es seguro decir que está continuamente dando rodeos? En ese momento, con toda probabilidad, estás manejando a un individuo que necesita manipularte a ti y a la circunstancia, pero lo está haciendo de forma incógnita.

Esta lista no es exhaustiva, y las estrategias para manipular a alguien son tan variadas como únicas. El trabajo se hace para afirmar que el manipulador puede adaptar su manipulación explícitamente a la persona actual.

¿Por qué razón manipula el manipulador? Las dos razones principales son:

- Para manipular la relación y además la circunstancia
- Para mantener una distancia estratégica de la obligación moral

Si terminas en el final menos que deseable de un manipulador, no te desanimes, hay enfoques para asegurar a ti mismo y tratar con usted mismo ahora mismo relación. El segmento clave para asegurarse a sí mismo es comprender una razón fundamental.

Dejar de requerir el respaldo de los demás.

Una sub-premisa es, no dejes que otros te caractericen. La principal forma en que la manipulación puede funcionar es en la remota posibilidad de que usted lo permita. Tu manipulador te ha examinado y conoce tus defectos. Se da cuenta de que necesitas tratar con él, ser la leyenda, ser indulgente, ser conciliador, etc. Utilizará sus manipulaciones para abusar de tus defectos (y de tus cualidades) a su antojo.

La principal forma de salir de este tipo de dinámica de relación es dejar de pensar en el mensaje que él intenta transmitirte. He aquí algunas mediaciones que puedes utilizar en ti misma para ayudar a moderar la manipulación del manipulador sobre ti:

- Vea las estratagemas manipuladoras como lo que son: metodologías para manipularle.
- Deja de exigir al otro individuo que cambie. Permítele ser un manipulador si ese es su anhelo. A fin de cuentas, no puedes manipular al otro

individuo más de lo que el otro individuo debería manipularte a ti. Reconozca y ríndase.

- Deje de protegerse. En el caso de que empieces a ver que te sientes protegido, deja de hablar y vete.
- Anule el poder del manipulador sobre usted. Deje de esperar que se ocupe de sus problemas.
- Espera que el manipulador utilice varias estrategias para manipularte. Cuando dejes de rendirte a sus manipulaciones, él subirá la apuesta. Prepárate.
- Decide dejar de ser una persona complaciente. Deja que el otro individuo siga siendo "desagradable".
- Mantente firme. Intente no dejarse llevar por el peso.

Los procedimientos de programación mental de manipulación de la mente pueden ser útiles cuando se utilizan moralmente, pero pueden ser arriesgados en una mano inapropiada.

Mientras que algunas personas los utilizan por razones de superación personal, otras no dudan en utilizarlos para ponerte en peligro. Intenta no permitir que te manipulen. Sigue leyendo para conocer estas técnicas.

Técnica de Lavado de Cerebro de Manipulación Mental # 1: Hipnosis sin Permiso

Muchos individuos actualmente acuden a la hipnosis para que les ayude a recordar recuerdos queridos e incluso existencias anteriores. En algunos casos, buscan el trance para ayudarles a cambiar algo importante para ellos.

No hay nada de malo en buscar un tratamiento electivo. De hecho, muchos han anunciado lo revolucionarios que pueden ser los encuentros para inducir el sueño.

Sea como fuere, el peligro reside en ponerse en manos de un especialista en trance del que no se tiene la menor idea. Puede que accidentalmente esté poniendo su vida y su prosperidad en grave riesgo.

En el momento en que alguien se acerca a usted y casos que el individuo puede colocar en un estado de estupor, no deje que ese individuo intento, independientemente de que usted no pone la acción en la intensidad de entrancing. En todo caso, debería estar acompañado por alguien de confianza.

Técnica de lavado de cerebro por manipulación mental # 2: Aislamiento de lo que es familiar

Una de las técnicas de programación mental más viles es la de la desconexión. Se trata de aislarte persuasivamente de tu familia, compañeros y todo lo conocido.

Probablemente no lo consideres un asunto serio; sin embargo, estar desvinculado de cualquier otra persona puede afectar eficazmente a tu mente. La separación social no sólo te despoja de tus propias convicciones, sino que también te convierte en lo que el individuo o un grupo de individuos necesitan que pienses.

Sin nadie más que te respalde, deberás elegir la opción de obligar a la opinión predominante. Para abstenerse de ser condicionado mentalmente a lo largo de estas líneas, estar mirando hacia fuera para los individuos que exigen para guiarlo lejos de sus seres queridos.

Técnica de lavado de cerebro de manipulación mental # 3: Tácticas de miedo que juegan con su mente

Las estrategias de alarma pueden ser cualquier cosa, desde peligros hasta juegos cerebrales secretos. Este truco de manipulación del cerebro se beneficia del temor de un individuo y no es, sin duda, uno de los más arriesgados de todos.

En el momento en que te sientas minado en cualquier capacidad, es significativo que busques la ayuda de tus compañeros, familia y los especialistas correctos. La neurosis por sí sola puede hacer que realices algo que regularmente no harías en condiciones típicas.

Estos procedimientos de programación mental de manipulación de la mente son prácticamente indetectables en la naturaleza. En cualquier caso, con la conciencia y la ayuda adecuada, ahora sería capaz de protegerse contra las personas que los utilizan engañosamente y mantenerse fuera de la amenaza.

CAPÌTULO VI

PERSUASIÒN OSCURA

La persuasión oscura se refiere a muchas técnicas que se utilizan constantemente contra nosotros, con el fin de hacernos pensar menos y hacer lo que nos dicen que hagamos. La PNL (programación neurolingüística) es tan sólo un aspecto del trabajo con tus propios pensamientos y comportamientos, así como con los pensamientos y comportamientos de los demás, para obtener sabiduría, fuerza y defensa contra los que quieren aprovecharse de ti. Este capítulo describirá la PNL en detalle y ofrecerá sugerencias sobre cómo emplear los principios de este método para reforzar su desarrollo.

Este capítulo también le enseñará a desenmascarar al persuasor oscuro, a analizar los mensajes que le llegan y a crear un espacio entre usted y su subconsciente para que pueda procesar la comunicación y mejorar su funcionamiento en la vida.

Muchas personas caen en las trampas de los mensajes persuasivos que les llegan desde todos los ángulos.

Las técnicas de persuasión oscura incluyen el lavado de cerebro, el engaño, la manipulación encubierta y muchos otros aspectos de la comunicación y el engaño. Al aprender a analizar lo que lees, oyes y aprendes, empezarás a ser capaz de delinear lo que es bueno para ti, lo que es honesto y quién está mintiendo.

Empieza a aprender a resistir la persuasión oscura y a tener más éxito.

Hay muchos factores psicológicos que intervienen en el proceso de manipulación encubierta y persuasión oscura. Entre ellos están la debilidad psicológica, la conciencia de sí mismo, la confianza, la seguridad y la capacidad de analizar a los demás. Si eres capaz de fortalecerte en estas áreas, podrás entender cómo has sido manipulado en el pasado, y cómo puedes evitar estas situaciones en el futuro.

Los reyes y los gobernantes, desde el principio de los tiempos, han utilizado la manipulación y la persuasión para obtener el poder. El poder llega a las personas que son capaces de usar sus mentes separadas de las emociones y las tonterías insignificantes que a menudo consumen las masas. No se trata de volverse sin emociones y frío, sino de crear un sentido de cómo estar en el mundo con un fuerte sentido de sí mismo, confianza y una férrea determinación que le permita tener éxito.

En este capítulo también se habla de la autorrealización, de las técnicas para evitar la persuasión, del subconsciente y de cómo todo esto se relaciona con la comprensión de la persuasión oscura y la psicología oscura. No es fácil pasar por el proceso de desarrollo, pero este capítulo te ayudará a llegar a un lugar donde entiendas tus fortalezas y debilidades, y desde ahí, podrás empezar a enfrentarte a las fuerzas que te están hundiendo.

Si quieres saber cómo persuadir a alguien para que haga algo sin ser molesto, debes aprender los trucos de la persuasión. Si los dominas, podrás persuadir fácilmente a cualquier persona para que haga lo que quieres sin ser molesto. Estos trucos van desde el simple hecho de saber de qué estás hablando hasta ser percibido como un líder.

Tienes que asegurarte realmente de que sabes de qué estás hablando. Debes tener los hechos claros, deben ser lógicos y debes estar preparado para rebatir cualquier cosa que tu oponente te lance. Resultarás más molesto que persuasivo si no parece que estás diciendo tonterías.

Sé alegre y educado. Intenta encantar a la persona a la que intentas persuadir. La gente está más dispuesta a escuchar a un líder que a un seguidor. Actúa como un líder y serás mucho más persuasivo para la gente que te rodea. Por lo general, a la gente le gusta aprender cosas nuevas, pero siempre cuestionará su validez en función de quién lo diga.

Uno de los pasos más importantes para aprender a persuadir a alguien para que haga algo sin ser molesto es asegurarse de no molestar. Se te percibirá como más convincente si no parece que te esfuerzas demasiado en persuadirles para que lo hagan.

Sé paciente y pídeles que consideren hacerlo y dales tiempo para que lo piensen. Pedirles que hagan ese algo allí mismo no es siempre la mejor opción. Muchas personas se negarán obstinadamente sólo para no perder la discusión que tienen entre manos. Explica tu razonamiento y dales tiempo. Puede que luego decidan hacerlo por su cuenta.

Los consejos anteriores son sólo algunas de las técnicas para persuadir a alguien de que haga algo sin ser molesto. Hay literalmente cientos de técnicas que puedes aprender de forma específica sobre cómo convencer a la gente de que haga lo que quieres que haga sin causar un escándalo y sin odiarte por ello. Un maestro de la persuasión utilizará desde el lenguaje corporal hasta la hipnosis. Lo mejor es que cualquiera puede aprender estas técnicas. Si quieres aprender cómo, echa un vistazo a mi recomendación que te doy a continuación.

Ser capaz de persuadir eficazmente a la gente sólo requiere el conocimiento adecuado en el arte de la persuasión. Una vez que dominé el arte de la persuasión, toda mi vida cambió para mejor. Me ascendían y la gente me respetaba por lo que tenía que decir. No soy un caso especial y tú también puedes conseguirlo.

Persuasión en todas partes

En primer lugar, vamos a disipar el mito de que la persuasión encubierta es difícil de realizar. Mire a su alrededor y verá que está por todas partes y que la mayoría de nosotros ni siquiera lo notamos cada día.

¿Ha elegido alguna vez una marca de cerveza en lugar de otra por culpa de un anuncio? Puede que no lo piense, pero los fabricantes de cerveza gastan millones de dólares cada año para asegurarse de que lo haga.

¿Alguna vez has conocido a una persona y has sentido una conexión instantánea con ella? No es tu intuición la que actúa, sea su intención o no, su lenguaje corporal fue probablemente el responsable de ello.

*Cómo la hipnosis encubierta puede beneficiarnos a todos

¿Por qué queremos persuadir a la gente? Porque cada conversación que tenemos con alguien (excepto con la familia y los amigos) suele ser un intento de obtener un acuerdo. A veces, hay una batalla y usted puede ganar algunos y usted puede perder algunos.

Imagina el mayor éxito que puedes tener en la vida si sabes cómo ganar la ventaja cada vez: conseguir un mejor aumento de sueldo, regatear un producto, seducir a alguien que te gusta, ganar el acuerdo en las reuniones y mucho más.

Técnica de ejemplo: gestos con las manos

Los gestos con las manos son una gran forma de persuadir subliminalmente a la gente. La mayoría de las personas hacen gestos con las manos cuando hablan, pero el oyente rara vez mira las manos. Esta es una oportunidad para incrustar órdenes y hacer sugerencias implícitas.

Por ejemplo, en una entrevista, puede querer convencer a los demás de que usted es la persona que hay que contratar. En primer lugar, tienes que descubrir la dirección del "no" del entrevistador. Cuando las personas hablan en negativo, señalarán en una dirección, a la izquierda o a la derecha.

A continuación, al hablar de las buenas personas, incluido usted mismo, debe hacer un gesto hacia sí mismo. Cuando hable de otras personas que no son tan buenas como usted, o de cualquier aspecto negativo, debe reflejar el gesto que hace el entrevistador.

Esta es una técnica muy eficaz que funciona muy bien.

Ejemplo de técnica - Tengo un secreto

Este es un gran ejemplo. Piensa en alguna ocasión en la que alguien te haya contado un secreto. Te dicen "mira, se supone que no debo decirte esto pero". Piensa en lo que has pensado de la persona que te lo ha contado y en la información. La mayoría de las veces, un secreto resulta muy creíble por la forma en que lo escuchas.

Puedes utilizarlo para persuadir a la gente de que tome un curso de acción. Los vendedores lo hacen todo el tiempo: dicen algo como: "Mira, se supone que no debo hacer esto, pero te haré un gran trato por este coche, sólo no se lo digas a mi jefe, ¿Ok?".

Inmediatamente, se establece una relación y se piensa que se está consiguiendo un auténtico robo. En realidad, ¡es probable que el jefe le haya dicho que utilice esta técnica con todos los clientes!

La influencia es un elemento clave para dominar las técnicas de la Persuasión Magnética. La influencia es la forma más elevada de persuasión. Con la influencia, la gente se ve impulsada a actuar por tu carácter, no por tus maniobras. La persuasión es lo que usted hace o dice, pero la influencia es lo que usted es.

¿Cómo se consigue este tipo de influencia? ¿Cómo se puede aumentar un impacto suficiente sobre los individuos para que actúen esencialmente por el hecho de que el pensamiento se originó en usted? ¿Y qué hay de tener un impacto suficiente sobre los individuos como para que se vean obligados a seguir adelante, en cualquier caso, cuando usted no se encuentre en ninguna parte?

La cercanía es la capacidad de involucrar e impactar a los demás para que confíen en ti y se sumen a la tendencia fugaz. Les das la vitalidad que tienen para conseguir los resultados que necesitas. Les ayudas a verse a sí mismos haciendo tu visión. Se emocionan y energizan con tu pasión y entusiasmo. Están magnetizados y motivados por tu carisma. Se sienten elevados e inspirados por tu optimismo y expectativas. En esencia, eres una fuente de empoderamiento, ánimo, inspiración y permanencia para ellos.

Para algunos, el carisma es un atributo misterioso. Resulta difícil describir a alguien que desprende carisma porque realmente no hay forma de cuantificar el efecto que este tipo de persona parece tener en los demás. Parece que o se tiene carisma o no se tiene. El carisma no es liderazgo, asertividad o entusiasmo y tampoco es exactamente personalidad. Es una característica propia y única. El carisma permite gustar a los demás, aunque no te conozcan mucho y aunque no haya habido tiempo suficiente para desarrollar la confianza en ti. Si tienes carisma, la gente no sólo quiere estar cerca de ti, sino que, se den cuenta o no, también quieren ser influenciados por ti. El carisma te da poder, lealtad y devoción con tu público, sin que se sientan impotentes y crea un apoyo instantáneo. Entonces, ¿se nace con carisma o se aprende? La respuesta a ambas preguntas es sí. Algunos atributos son inherentes; otros pueden adquirirse.

La palabra "carisma" proviene de la diosa griega Charis. El carácter de Charis era de total belleza y caridad. Hoy en día, la palabra tiene que ver con el magnetismo, la intensidad, la vivacidad, etc. de un individuo. Gerry Spence lo ha dicho mejor: El carisma es la energía de la zona del corazón. Si el orador no tiene sentimientos, no hay nada que transferir. El carisma se produce cuando los sentimientos del orador se transfieren en su forma más pura a otro. El carisma no es un sentimiento diluido. No se disfraza. Es un sentimiento en bruto. El carisma es la transmisión de nuestra energía pura, de nuestra pasión pura al otro.

Las personas carismáticas a menudo nos asombran. Su energía nos empuja, nos motiva y nos inspira. Satisfacen nuestra necesidad de tener héroes. Nos sentimos mejor por haberlos conocido, visto, escuchado e interactuado con ellos. ¿Por qué y cómo tienen este efecto sobre nosotros?

Entonces, ¿cómo se puede desarrollar el carisma? He aquí ocho maneras:

- Desarrolle la confianza en sí mismo y en su mensaje. No se muestre nervioso ni desequilibrado. Tenga la seguridad de que posee autoestima y conoce su mensaje.
- Tenga un lado más ligero. Encuentra tu sentido del humor y la felicidad. Diviértete y no te tomes la vida demasiado en serio. Aprenda a reírse de sí mismo.
- Ten una gran presencia y energía. Proyecta una presencia de las cinco C de la confianza: carácter, competencia, confianza, credibilidad y congruencia.
- Tenga una opinión definida sobre su tema. Esté bien informado y asegúrese de que sus conocimientos se basan en un fundamento sólido. Desarrolle la emoción y la convicción de la audiencia por su tema.
- Tenga un buen aspecto. Asegúrese de que su vestimenta, su pelo, sus zapatos y sus joyas

coinciden con el tono de su mensaje. Vístete como es debido.

- Sé capaz de inspirar y elevar. Sea sensible a la gente y a sus necesidades. Desarrolle una relación con su público. Conecta con ellos y sé un gran oyente.
- Sé organizado y fácil de seguir. Conecte sus puntos y haga que su estructura sea clara.
- Sea dramático, único y atractivo. Sea interesante para el público. Asegúrese de que las cosas de las que habla son emocionantes. Cuente historias fascinantes.

Aprender a persuadir e impactar tendrá el efecto entre buscar una paga superior y tener una paga superior. Es la pieza única que falta y que descifrará el código para ampliar significativamente su salario, mejorar sus conexiones y ayudarle a conseguir lo que necesita, cuando lo necesita, y hacer compañeros para siempre. Pregúntese cuánto dinero y sueldo ha perdido a causa de su incapacidad para persuadir e impactar. Considérelo. Seguro que has visto algún logro, sin embargo, piensa en las ocasiones en las que no has podido completarlo. ¿Ha habido alguna vez en la que no hayas podido expresar lo que tienes en mente? ¿Es seguro decir que no pudiste persuadir a alguien para que lograra algo? ¿Has llegado a tu máxima capacidad? ¿Es cierto que estás preparado para inspirarte a ti mismo y a otras personas para lograr más y alcanzar sus objetivos? ¿No debería decirse algo sobre sus conexiones? Imagínese tener la opción de conquistar las quejas antes de que se produzcan, comprender lo que su posibilidad está pensando y sintiendo, sentirse progresivamente seguro de su capacidad de Persuasión.

Apenas hay sistemas poderosos de Persuasión. Aquí hay una parte de la Psicología de la Persuasión que puede ser utilizada para impactar a otros para que reciban sus pensamientos:

- Plantee una necesidad. Esta es una técnica para convencer; usted necesita hacer una necesidad o una intriga adicional a una necesidad actual. Este tipo de influencia tira de la necesidad básica de un individuo, por ejemplo, el amor, la seguridad, el sentimiento de orgullo y el reconocimiento de sí mismo.
- Avanzar hacia las necesidades sociales. Este es también un procedimiento de persuasión viable. Es hacer una intriga para ser conocido, celebrado y ser como los demás. El mejor caso de este sistema son los anuncios de televisión en los que se insta a los espectadores a comprar un artículo específico para poder parecerse a la superestrella de los anuncios. Este enchufe de la televisión tiene una fuente colosal de introducción a la influencia.
- Aplicación de palabras e imágenes apiladas. Los patrocinadores son razonables por utilizar palabras positivas para hacer avanzar sus artículos.

La psicología de la persuasión es la capacidad de instigar estima y convicciones a los demás afectando a sus reflexiones y actividades a través de técnicas particulares como se ha examinado en el pasaje anteriormente mencionado. La ciencia del cerebro en su estricta importancia es la investigación del espíritu que es la persona genuina. En este momento, la psicología, el placer y la agonía pueden ser las chispas sólidas de sus cualidades que decidirán cómo utilizarán sus nuevas habilidades. La influencia está conduciendo a los individuos al camino de su resultado final más obvio que resulta ser uno que ambos tienen.

Así, los individuos buscan realmente un encuentro total que coordine sus deseos. Lo que es más, si los deseos se cambian en lo que un individuo figura, cubrirá la influencia en las dos perspectivas. El mejor caso de esto es ayudar a los clientes a comprar grandes artículos y ofertas de mano de obra con hacer más ofertas.

La psicología de la persuasión aporta los activos, sistemas y estrategias más útiles que son aplicados por los ascendentes políticos, pioneros corporativos y clérigos de una asociación estricta. La aplicación de este método para impactar la perspectiva de los individuos es de sentido común, sensato, práctico y razonable para el lector no experto.

También podemos aplicar este método de persuasión en nuestros encuentros cotidianos. Podemos construir respuestas específicas a circunstancias normales en el proceso de influencia. Estas respuestas a las mejoras explícitas que hacen que sea probable predecir una conducta específica y de esta manera convencer a los demás a recibir sus pensamientos o actividades. Sin embargo, esto es respuestas similares que hacen que sea concebible ser impactado o controlado por personas engañosas. Cuando haya comprendido la Psicología de la Persuasión, tendrá la opción de comprobar si ha sido convencido de forma irracional o ética por otros.

Autodefensa personal contra los manipuladores

La Autodefensa Personal tiene dos estructuras. La autopreservación física y la autoprotección mental; la sección uno de estos arreglos echó un vistazo a las partes sociales y mentales de la autopreservación. La sección dos será una continuación de la sección uno de todos modos aquí investigaremos la creación de avances notables. La creación de la autopreservación individual contra los controladores requiere una capacidad aguda de estar seguro. En el momento en que usted está seguro, naturalmente libera el control que un controlador tiene sobre sus consideraciones y elecciones.

Como se ha examinado recientemente numerosas cabezas religiosas utilizan un gran número de las estrategias (hablado hasta cierto punto 1) para solicitar nuevos adherentes y posiblemente causar daños monetarios y físicos a usted y su familia. Aquí hay algunos avances dignos de mención que usted puede tomar para luchar contra los individuos que están tratando de controlarlo.

Revele que se siente presionado

Revéleles que se siente constreñido y que preferiría no realizar algo. En el momento en que su subliminal le revele que algo no está bien, sintonice y haga ruido. Cuanto antes diga algo, mejor. De esta manera, no se pudrirá y se convertirá en un problema progresivamente crítico. Ten en cuenta que tienes el privilegio de no sentirte obligado a hacer lo que preferirías no hacer.

Hacer preguntas

Haga una serie de preguntas de sondeo. Hacer preguntas hará que el controlador tenga cuidado y le dará la oportunidad de reordenar sus consideraciones y actividades. Piense en utilizar las siguientes preguntas como un manual para las pruebas:

¿Cómo escapo de esto?

¿Suena razonable lo que necesita de mí?

¿Tengo un estado en este momento?

¿Es cierto lo que me pide o me hace saber?

¿Parece razonable?

Rechazar la petición

Si alguien se acerca a ti para que realices algo que preferirías no hacer, no lo hagas. Desde el principio, esto puede parecer confuso, de todos modos, conseguir la seguridad en sí mismo ahora puede salvarte la vida. Asimismo, cuando digas "no", el controlador puede asombrarse y retirarse.

Intenta no ceder a los continuos intentos de cambiar de opinión

En el momento en que alguien no capte el mensaje de que no estás intrigado, di que no y vete. Te reservas el privilegio de tu propia conducta, cavilaciones y sentimientos y la opción de no ofrecer razones o motivos para apoyar tu conducta. Te reservas el privilegio de ajustar tu perspectiva y no dar ninguna aclaración. Te reservas la opción de decir "no" sin sentirte arrepentido.

Enfrentarse a la persona

Enfréntate al controlador en un entorno privado. Un dominio abierto puede poner a los adeptos en su contra o, lo que es más lamentable, enajenarlo a una mentalidad de obediencia ignorante. Puede que entonces se sienta comprometido y siga con vacilación las peticiones. En el momento en que usted da a conocer sus reflexiones, demuestra que no se deja persuadir sin esfuerzo y puede no merecer el esfuerzo. Además, comprenda que la persona puede no tener ningún deseo de seguir con la confraternidad. Intente no sentir remordimientos, ya que, de nuevo, se reserva el privilegio de tener pensamientos autónomos y de ser la autoridad designada de su propia conducta.

Intenta no ceder a los halagos

Las palabras melosas son un instrumento brillante para el controlador. Utilizan tu propia reticencia contra ti. En el momento en que alguien te adule, especialmente cuando no lo hayas merecido efectivamente, cuestiona su objetivo. De todos modos, puede ser todo menos difícil sucumbir a las palabras melosas, es probablemente el mejor dispositivo que un controlador puede utilizar para controlar tus reflexiones y actividades.

Evita a las personas manipuladoras

Te reservas el derecho de elegir a tus propios compañeros; si alguien te hace sentir controlado, no lo tengas en tu vida. Alejarse de alguien no significa realmente que tengas que terminar un compañerismo, simplemente significa que estás practicando más control para los eventos y condiciones que conoces.

El Subconsciente

La Persuasión Subliminal es el procedimiento de ganar a otra persona para que te reconozca sin la necesidad de recomendar aparentemente y sin que el otro individuo entienda que sólo estabas tratando de impactar al individuo que se refiere. Es un tipo de persuasión en el que, las palabras con ciertos movimientos se utilizan para conseguir un mango en varias personas, similar a la sonrisa, la articulación de los ojos o el pensamiento cuidadosamente en una manera negativa o positiva.

Mente subconsciente

Numerosos individuos no entienden que pueden haber sido comprados de una sonrisa básica - posteriormente, haciendo incluso que una técnica de persuasión subliminal. Esta estrategia se utiliza para la masa o las personas con un bajo grado de conciencia. Es fundamental para convertirse en un poderoso pionero. La persuasión subliminal es un tipo de persuasión donde las estrategias utilizadas por debajo del nivel o el borde de la conciencia humana. Estos son directamente enviados al cerebro subconsciente de donde se comprende y se relaciona el mensaje y lo envía a la psique consciente para la realización de actividades explícitas como por el mensaje aparente.

En la posibilidad de que usted necesita para utilizar este procedimiento de persuasión en sí mismo, en ese punto, inicialmente organizar, y determinar su objetivo. Anote su objetivo, vuelva a examinarlo de vez en cuando, y después considérelo decididamente. Por ejemplo, si necesita ser un individuo decente, anote Soy un individuo decente. Además, considérelo, confíe en él y haga todas las cosas imaginables según las orientaciones de su psique. Su mente subconsciente está equipada para registrar su mensaje y permitir que su psique cognitiva realice actividades.

Las técnicas

Dos métodos distintos de la persuasión utilizados con mayor regularidad de inmediato, la publicidad intencional o estrategia general, además, la persuasión subliminal. Por lo general, utilizamos numerosas palabras para obtener la consideración como el que se ve, ya sabes "cómo" y otras palabras infecciosas para atraer la consideración. En algunos casos, el manipulador utiliza un mensaje oculto detrás de las palabras o deja un doble mensaje para ver cómo usted necesita para comprender.

Es concebible impactar subliminalmente a otra persona por métodos para dos metodologías: a través de sus propias palabras únicas, y a través de la afectación, o tal vez las palabras particulares que ofrecemos concentración a una insistencia explícita. Una expresión viable, por ejemplo, "No puedo garantizarte que..." puede tener numerosas implicaciones en función de las palabras que hayas utilizado.

Ofrecer lo que recomendamos a través de la entonación es discreto. De la misma manera, te evitará ser claramente inmediato, sobre todo cuando eres del tipo cariñoso que detesta rechazar a alguien. Saber qué palabras y expresiones utilizar podría evitarte esta torpe circunstancia.

Utilizar palabras y frases

Las palabras son el manantial más impresionante de la correspondencia, la persuasión y la articulación. Sea como fuere, en la Persuasión subliminal, se utilizan algunas estrategias excepcionales junto con las palabras o sin ellas, este sistema, en su mayor parte, se utiliza en la promoción, los anuncios, y las personas con baja comprensión de las palabras.

La principal preocupación es el objetivo del manipulador detrás del mensaje. Unas cuantas veces las palabras directas pueden controlar la mente de los sujetos. La coherencia, la reiteración, la creación y la introducción de los mensajes lo son todo. Cualquier estrategia de persuasión, ya sea visual, sonora o con sonido, lo principal es lo bien que se utilice.

Reproducir palabras o reflexiones una y otra vez le permite decidir el significado de las palabras, el comportamiento de su cara y sus reacciones dependen del alistamiento de mensajes específicos aparentes por su psique subliminal. El cuidado, el mantenimiento de una distancia estratégica de la amenaza y el temor, lo que indica el aprecio, la articulación de la indignación son cada una de esas articulaciones provocadas por el proceso ocurrido dentro del cerebro subcognitivo. A decir verdad, este método es un procedimiento viable de Persuasión que impacta a los individuos rápidamente.

Un método sustitutivo para persuadir subliminalmente a los demás es pedirles que te obliguen progresivamente sin hacérselo entender ya que piensan que es su propia propuesta. Esta es una estrategia de persuasión moderadamente problemática y muy pocas personas pueden aceptarla. Sin embargo, funciona.

Técnicas clave de persuasión

Un objetivo definitivo de la influencia es persuadir a los individuos para que descarten la contención poderosa y adopten esta nueva mentalidad como una pieza de su marco de convicción central.

A continuación, se presentan sólo un par de los sistemas de influencia excepcionalmente viables. Diferentes estrategias incorporan la utilización de remuneraciones, disciplinas, dominio positivo o negativo, y numerosas otras.

Hacer una necesidad

Una técnica de influencia incluye hacer una necesidad o hablar de una necesidad ya existente. Este tipo de influencia se dirige a las principales necesidades de un individuo en cuanto a cobertura, amor, confianza y autocomplacencia. Los publicistas utilizan con frecuencia este sistema para vender sus artículos. Consideremos, por ejemplo, la cantidad de anuncios que proponen que los individuos necesitan comprar un artículo específico para estar contentos, protegidos, adorados o respetados.

Apuesta por las necesidades sociales

Esta es otra estrategia de convencimiento excepcionalmente poderosa ofrece ser conocido, estimado o como los demás. Los anuncios de televisión ofrecen numerosos ejemplos de este tipo de influencia, en los que se insta a los espectadores a comprar cosas para parecerse a cualquier otra persona o a un individuo notable o considerado.

Los anuncios de televisión son una fuente tremenda de introducción a la influencia, teniendo en cuenta que el estadounidense normal ve entre 4,9 y 5,7 horas al día2.

Utilizar palabras e imágenes cargadas

Los influencers también utilizan con frecuencia palabras e imágenes apiladas. Los promotores son muy conscientes de la intensidad de las palabras positivas, razón por la que un número tan elevado de publicistas utiliza expresiones como, por ejemplo, "Tan bueno como siempre" o "Todo natural".

Poner el pie en la puerta

Otra metodología que suele ser convincente a la hora de conseguir que los individuos se conformen con una solicitud se conoce como el procedimiento de "poner el pie en la puerta". Esta metodología de influencia incluye conseguir que un individuo consienta en una pequeña solicitud, como pedir que compren una pequeña cosa, seguido de hacer una solicitud mucho más grande. Al conseguir que la persona acepte la pequeña amabilidad introductoria, el solicitante ya tiene su "pie en la entrada", haciendo que la persona esté obligada a seguir la solicitud mayor.

Por ejemplo, una vecina le pide que vigile a dos niños durante una o dos horas. Cuando aceptas la solicitud menor, ella te pregunta si puedes vigilar a los niños durante el resto del día.

Dado que usted acaba de consentir a la solicitud más pequeña, puede tener un sentimiento de compromiso para consentir igualmente a la solicitud más grande. Se trata de un caso extraordinario de lo que los analistas denominan el estándar de responsabilidad, y los anunciantes suelen utilizar este procedimiento para instar a los compradores a adquirir artículos y servicios.

Tirar de todo y después Pequeño

Esta metodología es algo opuesto al enfoque de la entrada. Un vendedor empezará por hacer una solicitud enorme, regularmente irrazonable. El individuo reaccionará diciendo que no, martilleando categóricamente la entrada en el trato.

El representante de ventas reacciona haciendo una gran cantidad de solicitudes más pequeñas, que regularmente se presentan como apaciguadoras, y los individuos frecuentemente se sienten comprometidos a reaccionar a estas ofertas; ya que negaron esa solicitud subyacente, frecuentemente se sienten obligados a ayudar al representante de ventas tolerando la solicitud más pequeña.

Utilizar el poder de la reciprocidad

En el momento en que las personas te ayudan, es probable que sientas un compromiso prácticamente abrumador de devolver la ayuda. Esto se conoce como la norma de la correspondencia, un compromiso social para lograr algo para otra persona ya que originalmente lograron algo para usted.

Los anunciantes pueden utilizar esta propensión haciendo que parezca que te están haciendo un bien, por ejemplo, incluyendo "artículos adicionales" o límites, lo que en ese momento obliga a las personas a reconocer la oferta y hacer una compra.

Haga un punto de anclaje para sus negociaciones

La inclinación de anclaje es una predisposición subjetiva discreta que puede influir en las negociaciones y en las elecciones. Cuando se intenta llegar a una elección, la oferta primaria tiende a convertirse en un punto de amarre para cada intercambio futuro.

Por lo tanto, en el caso de que esté intentando conseguir un aumento de la compensación, ser la primera persona en recomendar un número, especialmente si ese número es algo alto, puede ayudar a que los intercambios de futuros le apoyen.

Ese primer número se convertirá en la etapa inicial. Aunque probablemente no consiga esa suma, empezar con una cifra alta puede provocar una idea más alta por parte de su jefe.

Punto de ruptura de su disponibilidad

El clínico Robert Cialdini es muy conocido por los seis estándares de impacto. Uno de los estándares clave que reconoció se conoce como escasez o limitación de la accesibilidad de algo. Cialdini propone que las cosas se vuelven progresivamente atractivas cuando son escasas o limitadas.

Los individuos están obligados a comprar algo en el caso de que descubran que es el último o que la oferta terminará pronto. Un artesano, por ejemplo, puede hacer una tirada limitada de un determinado grabado. Dado que sólo hay un par de impresiones listas para circular, las personas pueden estar obligadas a hacer una compra antes de que se acaben.

Invertir energía en notar mensajes persuasivos

Los modelos anteriores son sólo un par de los numerosos procedimientos de influencia descritos por los analistas sociales. Busque casos de influencia en su experiencia diaria. Un examen intrigante es ver media hora de un programa de televisión irregular y anotar cada ocasión de promoción poderosa. Le sorprenderá la cantidad de sistemas de convencimiento que se utilizan en un periodo de tiempo tan breve.

Un ejemplo

Mientras se arregla, repita exactamente lo que el otro individuo dijo y después demuestre la manera de lograr lo que ellos requieren para ellos. Sea constante para garantizar que no corre el riesgo de negarse a sí mismo. Dando exactamente lo que la otra parte quiere, tienes una ventaja. He aquí un modelo genuino.

Suponga que está ofreciendo vehículos usados a un compañero. No mucho tiempo después de centrarse en las especificaciones de su compañero, que es lo que la persona está buscando en un vehículo de intercambio, haga hincapié en esas cosas que se buscan en los coches que tiene en su propia alineación. Será difícil que su acompañante rechace su oferta básicamente porque usted tiene en este momento exactamente lo que ellos necesitan. Esto es realmente lo que es la persuasión subliminal. En cualquier punto aplicado de la manera correcta, realmente logra trabajar como una fantasía en cada evento. Sin duda, tener una fantástica capacidad de persuasión puede en una fracción de segundo impacto de la gente; en igualdad de condiciones, es siempre hasta manipulador exactamente cómo utiliza con éxito sus dones para ajustar el temperamento de los individuos. Diferentes factores, por ejemplo, el ingenio, el reconocimiento, la razonabilidad y la inspiración mental pueden cambiar toda la estructura de aceptación y punto de vista. Estas son normalmente algunas técnicas exitosas para impactar a una persona en un entorno de persuasión.

CAPÌTULO VII

PERSUASIÓN Y MANIPULACIÓN EN LAS RELACIONES

La persuasión es una forma genuinamente sólida, ya que es la forma básica y legítima y no tiene efectos negativos. En el momento en que convences a las personas para que hagan lo que necesitas que hagan o piensen lo que necesitas que piensen, te acercas a ellos con deferencia como una persona amable. Utilizas la razón, la persuasión o el intercambio para intentar convencerles de que lo hagan a tu manera o piensen en tu dirección. Si están de acuerdo, están de acuerdo, si no, que así sea. Debes saber que ellos, como individuos, se reservan el derecho a tomar sus propias decisiones.

La manipulación es el camino sinceramente ruinoso, ya que es pícaro, sin escrúpulos y tiene efectos negativos. Cuando manipulas a los individuos para que hagan lo que necesitas que hagan o piensen lo que necesitas que piensen, los tratas con afrenta como personas inferiores. Utilizas la Manipulación sobre ellos con el objetivo de que lo hagan a tu manera o piensen en tu dirección. En el caso de que no estén de acuerdo, los rechaza por oponerse a esta idea. No consideras que ellos, como individuos, se reservan el derecho a tomar sus propias decisiones.

Supongamos que un cónyuge necesita que su pareja le preste más atención. Él puede reconocer que ella le presta una consideración insignificante y que es así; puede intentar cambiarla. Si necesita cambiarla, puede convencerla de que cambie o manipularla para que lo haga. En el caso de que intente convencerla, puede convencerla conversando con ella, sacando a relucir cómo no se está centrando en él y cómo eso está influyendo negativamente en su relación. Puede aclarar cómo el hecho de prestar más atención puede ser útil para su relación y también para ella. Puede decidir premiarla si le presta más atención.

Si él elige manipularla (o utiliza la Manipulación sin que ella sepa que la está utilizando), puede utilizar diferentes técnicas. Estas técnicas incluyen:

- Molestar. ("¡No me escuchas!")
- Culpar a los tropiezos. ("No me escuchas y por eso me vuelvo un bebedor empedernido").
- Burlas. ("Te paseas como un soberano, ¡necesitas que yo sea tu espejo para reflejarte en el divisor!")
- Desprecio. ("¡Intenta no contactar conmigo!")
- Destruyendo. ("Eres el mayor mentiroso que he visto en ningún momento. Toda tu vida es una falsedad. Me haces desaparecer!")
- Ridiculizar. ("¡No puedes adorarme, ya que detestas a los hombres! ¡Eres una mujer cabeza de toro!")
- Gritar e intimidar. ("¡Cállate! ¡No te soporto! ¡Cállate! ¡Cállate! ¡Cállate!")
- Peligros. ("¡Si no haces lo que necesito, te dejaré!")
- Asesinato del carácter. ("No puedes someterte en vista de que tienes un complejo de padre, también un complejo de prostituta")
- Engaño. "La verdad es más extraña que la ficción, vi a otra dama. ¡No me diste lo que necesitaba así que tuve que buscar en otro lugar!")

Trágicamente, la gran mayoría utiliza la Manipulación. Es sencillo que los individuos se sientan furiosos y engañados cuando no obtienen lo que necesitan de los demás. Si se sienten furiosos y engañados, no están en un estado de ánimo para utilizar la persuasión. Necesitan asumir la responsabilidad de los demás y hacer que hagan lo que necesitan. La manipulación deja estos sentimientos de indignación, decepción y deseo, y uno frecuentemente lo hace sin considerarlo, como una respuesta automática. A menudo uno no es consciente de estar haciéndolo o legitima el hacerlo.

El efecto de la utilización de la Manipulación es que inevitablemente provocará una respuesta en el individuo o las personas que uno manipula. Pueden sentirse furiosos, asustados o inseguros. La relación no será una relación equivalente o comúnmente deferente. El cómplice manipulador resultará ser cada vez más auto-importante y menos abierto a la correspondencia legítima, y el cómplice manipulado resultará ser progresivamente auto-landecido y perseguido. Ambos crearán problemas médicos. La satisfacción personal de este tipo de relación será baja, cargada de dificultades y sin amor real. Este tipo de relación tendrá resultados negativos con respecto a la crianza de los hijos. Los niños recibirán estos sistemas de manipulación y los utilizarán con sus parientes, compañeros y más tarde con sus amigos y familiares.

Los individuos, sin embargo, los racimos tienen además la decisión de utilizar la persuasión o la Manipulación. Al igual que las personas, los grupos suelen elegir la manipulación en lugar de la persuasión, y esto es lo que causa problemas. Las agrupaciones políticas y estrictas, al igual que los países, están inclinadas a utilizar la Manipulación. Todas las agrupaciones tienen una inclinación, a la que aluden eufóricamente como su confianza crucial. Frecuentemente llegan a sentir que su confianza crucial es excepcionalmente significativa y los individuos que no compran en su estrategia política su estricta confianza son vistos como "solapados y de esta manera, ellos en ese punto se sienten defendidos para utilizar cualquier tipo de Manipulación.

La totalidad de las técnicas de Manipulación registradas anteriormente para las personas son utilizadas por las reuniones; por ejemplo, el tropiezo con la culpa, la burla, la destrucción, el abuso verbal, los gritos y el terror, la muerte del personaje y los peligros. Los individuos que compran y se unen a una reunión son admirados, y los individuos que se oponen a la reunión son objetos de diferentes tipos de Manipulación. Los tertulianos Manipuladores no tienen un momento en el que deban abstenerse de interferir en la forma de pensar; más bien tienen una forma de pensar de vivir o, más bien, de pensar. Del mismo modo, una persona que elige Manipulación hace lucha en sus propias relaciones, así que del mismo modo los grupos que eligen Manipulación hacen dificultad en el ojo público. Los países que eligen la Manipulación hacen la lucha en el planeta.

La conducta manipuladora puede convertirse en una propensión e incluso en un hábito, las reuniones pueden transformarse en multitudes en las que la conducta manipuladora se refuerza mediante el acuerdo de la reunión y se hace cada vez más irresistible. En el momento en que una reunión llega a la fase en la que la manipulación se vuelve adictiva e irresistible, la reunión pierde cualquier capacidad de mirarse a sí misma de forma desapasionada, y sólo se sintonizará con sus propios individuos y considerará a todos los intocables como enemigos en los que no se puede confiar ni sintonizar. Construirá un estricto sentimiento de grandiosidad que se antepone a todo lo demás. Al cabo de un tiempo, la reunión resulta cada vez más separada y más ruinosa.

Se puede ver sin mucho esfuerzo las reacciones sensacionales de la reunión y la conducta manipuladora nacional a lo largo de toda la existencia de las guerras que asolan a la humanidad. La historia puede verse como una reunión tras otra que llega a la Manipulación y, cuando lo hace, se esfuerza por manipular diferentes reuniones. No es común en la historia descubrir una reunión (país) que utilice la persuasión y que recurra a la tolerancia en caso de duda.

La persuasión en las relaciones

En el caso de dirigir a su supervisor en una conferencia o a su pareja en casa, puede utilizar métodos poderosos similares a los que utilizamos con las personas que nos rodean. A pesar de que los sistemas utilizados con su jefe y con su compañero de vida pueden ser totalmente diferentes, nuestro anhelo y necesidad de impactar a todos los que nos rodean es un encuentro global. En el momento en que persuadimos a los demás para que vean las cosas o hagan las cosas a nuestra manera, cualquier número de resultados constructivos puede venir como un resultado característico, por ejemplo, lograr nuestro punto, avanzar en el procedimiento de persuasión, otros ven el enorme placer de corroborar que tienen razón o superar las expectativas en la persuasión misma. Estas diferencias de carácter pueden, en ocasiones, plantear problemas y agravar las circunstancias.

Recuerde la última disputa que tuvo con su compañero de vida o con otra persona importante. ¿Es cierto que discutías porque necesitabas que hicieran, dijeran o aceptaran una cosa específica que era crítica para ti? Por otro lado, tal vez, ¿dirías que discutías a la luz del hecho de que aceptabas que fueran inapropiados a pesar de que el tema no era especialmente significativo? Evidentemente, también es fundamental recordar que un gran número de nosotros se pone a discutir con sus seres queridos básicamente por el hecho de que sentimos el anhelo de encontrar algún grado de contención. Sin embargo, el ansia de impactar a otro asume muy a menudo un trabajo clave en la gran mayoría de nuestras comunicaciones sociales.

Algunas personas vienen al mundo con la capacidad característica de impactar y convencer a los demás. Para algunos individuos, esta aptitud es útil y puede desempeñar un papel clave en su forma de vida, pero probablemente sólo se acomodará a la persona que la utilice de forma sana y moral. Trágicamente, algunas personas con las que nos relacionamos, especialmente las que tienen una aptitud poderosa común, pueden abusar de su experiencia y hacer grados indebidos de impacto y lograr objetivos que podrían ser perjudiciales para usted o para otros.

Piensa en el caso de una señora que sale de fiesta. Su amiga prepara una jarra de vino a pesar de que ella dice que se inclina por no beber licor. Cuando llega la jarra, su amigo la presiona para que se tome una o dos copas. Cuando la cena se acerca a su fin, él le pide que continúe con su cita a pesar de que ella dice que tiene que volver a casa porque tiene una reunión temprana en el trabajo a la mañana siguiente. En cualquier caso, como él persevera, ella cede y continúan con su cita en otro lugar. Hacia el final de la noche, su pareja la lleva a casa y le pide otra cita para la noche siguiente; ella se niega porque ya tiene planes para reunirse con un compañero. Utilizando el lamido de bota y el peso social, él la convence para que abandone sus diferentes planes y le acompañe, es decir, salga una vez más con él. A la noche siguiente, logra convencerla de que lo reciba en su loft, donde la agrede.

¿Quiere saber más? Haz un curso online de Técnicas de Persuasión

Esta misma dama regularmente nunca permitiría que un hombre que apenas conoce entrara solo en su condominio, pero como este hombre previamente estableció una tendencia de constreñirla a tomar decisiones que no le gustaría hacer, él puede seguir haciendo lo mismo, ampliando la importancia o seriedad de cada elección hasta que pueda lograr su objetivo. Además, una mujer similar es mucho menos propensa a denunciar su emboscada, ya que actualmente se siente responsable de la agresión, puesto que tomó decisiones poco auténticas que prepararon el camino para ello; el individuo principal, que es responsable de su agresión sexual, la ha manipulado para que se encuentre en una circunstancia en la que se produce la agresión y ella no se siente lo suficientemente segura como para denunciarla.

Mientras que un número importante de nosotros necesita aceptar que los individuos que conocemos (en todo caso los individuos que nos gustan) son inalienablemente aceptables, la conciencia de las prácticas regulares influyentes y manipuladoras puede ayudar a cada uno de nosotros a prevenir situaciones peligrosas. Una de cada seis mujeres será atacada explícitamente en el transcurso de su vida; alguien que menos esperan las agredirá sexualmente, y la mayoría no denunciará el ataque. Trágicamente, el abuso de la capacidad de convencimiento es ineludible y peligroso.

Convencer a alguien puede desempeñar un papel importante con los adultos del mismo modo que con los jóvenes. De hecho, el tipo de cosas que debemos convencer regularmente a los jóvenes para que hagan, por ejemplo, comer alimentos nutritivos, descansar mucho, etc., a veces también convencemos a los adultos para que lo hagan. Además, la idea esencial de todas las personas es ser social; por lo tanto, además de convencer a los demás para que vendan o compren cosas, acepten o compartan ciertas cualidades o convicciones estrictas, y eso es sólo la punta del iceberg, también intentamos convencer a los demás para mejorar nuestras propias circunstancias psicológicas y pasionales; puede que necesitemos que nuestro compañero de vida nos elogie más o nos dé una bendición específica; puede que necesitemos que nuestro jefe nos recomiende para un puesto más alto; puede que necesitemos que nuestro joven deje de decirnos que nos aborrece. Como adultos, damos el entusiasmo y el deleite mental como una explicación adecuada para la utilización de la persuasión en general.

Necesitamos que las personas nos reconozcan, nos quieran y nos refuercen; en cualquier caso, cuando somos lo suficientemente afortunados como para descubrir a alguien que lo haga, simplemente depende de quiénes seamos realmente. A pesar de todo, utilizamos medidas de influencia para construir la relación con las personas que necesitamos. Es una situación poco común que alguien nos aprecie exactamente por lo que es nuestra identidad y no establezca positivamente ninguna expectativa o deseo para nosotros; a decir verdad, entra en conflicto con la propia premisa del instinto humano. La correspondencia (el deseo de un intercambio equivalente o proporcional) es una pieza característica de la presencia humana. Si consentimos estar dedicados a nuestra pareja, es probable que anticipemos que ella debe estar dedicada a nosotros. Si compartimos ideas privilegiadas con un compañero, anticipamos que ese compañero también debería confiar en nosotros. En la correspondencia, estamos convenciendo a alguien para que realice algo utilizando nuestras propias actividades como concesión para negociar. A pesar de que la gente en general utiliza frases como "amor inequívoco", en realidad una relación genuinamente apreciada es prácticamente difícil de descubrir, ya que en cualquier caso, cuando decidimos adorar a alguien genuinamente, en la actualidad anticipamos ciertas prácticas de ellos.

Al ver a alguien, la persuasión es constante. Convencemos a los individuos, incluso a los que amamos, para que nos adoren, para que aprecien o toleren a otros, para que actúen de determinadas maneras, para que cuenten ciertas cosas, etc. A pesar de que hay personas que quieren imaginar que la persuasión está ausente y no es fundamental, regularmente lo es. Sea como sea, la persuasión no es constantemente algo terrible. Mientras intentamos tomar decisiones positivas y adorables para los que nos importan, también tenemos que tomar decisiones positivas y adorables para nosotros mismos. En el momento en que estas dos cosas chocan, ya sea de manera enorme o pequeña, la persuasión es frecuentemente importante para corregir la circunstancia. La persuasión puede salvar ocupaciones, relaciones, compañerismos, y eso es sólo la punta del iceberg. La proeza consiste normalmente en asegurarse de que las técnicas que utilizamos son morales y positivas y de que las razones que nos impulsan son encomiables.

Investigación del cerebro, sociología, psicología social y neurobiología de la persuasión

La persuasión depende intensamente de la información y la utilización de la ciencia del cerebro, la ciencia humana, la neurobiología y la ciencia social del cerebro. En cualquier caso, saber esto no le ayudará a ser poderoso o a soportar la persuasión si no tiene la menor idea de lo que estos términos significan realmente.

La investigación del cerebro es la investigación de las capacidades y prácticas mentales a nivel individual. Dentro de este entorno individual, los terapeutas piensan en las capacidades psicológicas de un individuo, incluyendo la conducta social e individual al igual que los procedimientos neurobiológicos y fisiológicos que son elementos seguros fundamentales del cerebro. Los terapeutas investigan los pensamientos, por ejemplo, la inspiración (clave en las estrategias de persuasión), el reconocimiento, el sentimiento, el carácter, la consideración y las conexiones relacionales.

Al igual que la sociología, la investigación del cerebro es lógica, pero no tan concreta como las supuestas ciencias duras, por ejemplo, la construcción de brebajes o la ciencia. En este sentido, hay mucha más sutileza y misterio incluidos. Los terapeutas más preparados y conocedores pueden, en cualquier caso, ser engañados o desconcertados por ciertos pacientes. Para un terapeuta consumado, y mucho menos para una persona no desarrollada, es extremadamente difícil darse cuenta constantemente de cómo despertar y convencer a los demás. Mientras que numerosos individuos serán convencidos por medidas similares, habrá siempre personas que se decanten por opciones diversas o menos sorprendentes.

La ciencia humana, por otra parte, es la investigación de cómo funcionan los individuos en las reuniones (en lugar de a nivel individual, por ejemplo, en la investigación del cerebro). Aunque muchas personas quieren aceptar que determinadas cosas ocurren en función de las dificultades mentales de una persona, la ciencia humana ha descubierto que, por lo general, no es así. El modelo más sólido es la forma en que apareció la ciencia humana (como campo de estudio), en el siglo XIX, hubo una racha de suicidios. Un hombre llamado Emile Durkheim empezó a ver que las personas involucradas generalmente se ajustaban a una descripción específica, blancos, varones, de 20 años y que vivían solos en una ciudad o territorio metropolitano. Evidentemente, a la luz del hecho de que la ciencia del cerebro es tan excepcionalmente individualista, debe haber alguna otra explicación detrás de esta maravilla.

Después de una enorme investigación, Durkheim tuvo la opción de demostrar que el trabajo que estos hombres realizaban dentro de sus grupos de amigos jugaba un papel clave en su probabilidad de acabar con todo.

Aunque sus problemas mentales estaban claramente teniendo efectos en todo, el público creía que sus trabajos tenían más papel en su elección de acabar con todo que sus incapacidades mentales individuales. Otro punto de vista clave que hay que comprender en relación con el humanismo es que los individuos en las grandes reuniones, además, se comportan de forma única en contraste con cómo lo harían en una premisa individual. De este modo, los subconjuntos de la ciencia humana pueden incorporar la ciencia social de la religión, la ciencia humana del trabajo, el humanismo del mundo académico, etc. La investigación del cerebro asume un trabajo extremadamente claro en cuanto a cómo se puede convencer a un individuo; la ciencia humana, del mismo modo, asume un trabajo significativo en cuanto a la previsión de cómo se puede convencer a las agrupaciones de individuos.

La ciencia social del cerebro podría considerarse un subconjunto de la investigación del cerebro o del humanismo, ya que incorpora partes de ambos. En su centro, la investigación social del cerebro investiga las decisiones que toman los individuos y los sentimientos que tienen al ser impactados por otros. La idea relacional de la persuasión, por tanto, aumenta mucho a partir de la comprensión de esta sociología. Piensa en el modelo adjunto: un chico se esfuerza por convencer a su media naranja de que acepte que, a decir verdad, es guapa. Ella lucha contra esto ya que arrastra cicatrices mentales de anteriores pretendientes que han dicho otra cosa.

En la actualidad, la leyenda urbana de la joven asaltada y atacada explícitamente en una entrada trasera alrededor de la noche en la ciudad de Nueva York. La leyenda sostiene que muchas personas oyeron sus gritos e incluso pueden haber mirado mientras era agredida, pero nadie medió ni llamó a la policía. Mientras que las personas se preguntan regularmente cómo puede ocurrir hipotéticamente un suceso como éste, es porque las personas en reuniones enormes generalmente se ajustan al acuerdo de la reunión; si nadie medita, cada uno de los espectadores se sintió exonerado de no reaccionar sólo por el hecho de que nadie más estaba reaccionando tampoco. Esta situación entra en la clase de humanismo, ya que fue una elección cooperativa (a pesar de que no se debería hablar de ello verbalmente).

Supongamos que usted está conduciendo en su localidad cuando un canino se lanza ante su vehículo. Pisas los frenos pero ya ha pasado el punto de no retorno; has golpeado al can y actualmente está muerto. ¿Qué hace usted? Numerosas personas esperan comprobar si el perro llevaba un collar con el fin de averiguar dónde vive y llevarlo a casa. Sin embargo, otros pueden defender el procedimiento, concentrándose en la posibilidad de que no tienen ni idea de dónde vive el perro y no deberían preocuparse por el perro muerto, ya que el propietario no descubrirá a la persona que lo golpeó; es mucho más probable que esas personas se limiten a conducir. Sin embargo, cualquier decisión que se tome podría modificarse definitivamente dependiendo de si el individuo que golpeó al perro cree que otros le vieron hacerlo. Si vive en la zona y hay numerosas personas fuera cuando golpea al can, es mucho más probable que se detenga, encuentre al dueño del perro y asuma la responsabilidad de lo que hizo. Este impacto se considera una ciencia social del cerebro, ya que sus prácticas han cambiado, no por sus propios deseos individuales o por el hecho de ser una parte de una gran reunión que golpeó al perro, sino por el impacto de lo que los individuos que le rodean pueden pensar o aceptar sobre usted.

Dado que la gente suele tener en cuenta en gran medida las valoraciones de los demás, la ciencia social del cerebro asume un trabajo increíblemente importante en la persuasión. Está claro que la investigación del cerebro y la propia ciencia humana son también importantes, pero una buena comprensión de la investigación del cerebro social puede contribuir a garantizar una persuasión fructífera.

Otro factor clave en la persuasión es la neurobiología. En la persuasión, un dato clave es tener la opción de anticipar cuál será la disposición de una persona con respecto a algo. La activación del colgajo en la corteza prefrontal del cerebro puede mejorar la probabilidad de encontrar una mentalidad que anticipe una conducta significativa, (por ejemplo, comprar una cosa determinada o elegir un lugar para ir). Algunos exámenes han indicado que unas pocas personas reaccionan con mayor firmeza a las proclamas con las que están de acuerdo, mientras que otras reaccionan de forma más inequívoca a los anuncios con los que no están de acuerdo; esta situación se ha demostrado en investigaciones que muestran qué lado del córtex frontal es cada vez más dinámico cuando se hacen articulaciones. Otras pruebas han demostrado igualmente que al animar los dos lados del cerebro de forma diferente, un individuo puede resultar bastante abierto al impacto.

La manipulación en una relación

¿Es seguro decir que usted es especialmente impotente frente a la Manipulación? O por el contrario, ¿le preocupa sentirse continuamente como si se moviera a las cuerdas de alguien, quizás moliendo lejos, en casa o entre sus "compañeros"? Los individuos incesantemente Manipulados tendrán, en general, un ámbito de estilos de carácter relacionados que son reconocidos y utilizados por los Manipuladores. Estos se asemejan a las capturas de Manipulación para el Manipulador. El paso inicial para disminuir la Manipulación en tu vida es percibir las rupturas en ti.

¿Cuáles son las principales rupturas mentales?

Tener una necesidad extremadamente sólida de aprobación y reconocimiento

Casi todo el mundo necesita ser disfrutado y reconocido. Eso es sano y típico. Sea como fuere, numerosas personas, tal vez a la luz de su base hereditaria, así como las condiciones de vida, tienen un requisito mucho más alto para el apoyo que otros. Cuanto mayor sea su necesidad, más inclinado estará a la Manipulación.

Un Manipulador puede mantener a aquellos con una sólida necesidad de apoyo en una condición constante de malestar al no ofrecerles nunca elogios ni descubrir nada bueno en lo que hacen. Considera que se está esforzando todo el día para conseguir un gesto de felicitación de improviso, o para conseguir un comentario de desaprobación en torno a un defecto menor después de todo un almacén de trabajo extraordinario.

Tener los sentimientos negativos

Algunas personas son excepcionalmente sensibles a los sentimientos contrarios sólidos, a las luchas o a los encuentros. Esto implica que ajustan su conducta para mantener una distancia estratégica de la indignación o la disputa, casi siempre a expensas de ellos mismos o de alguien con quien están hablando.

Algunos Manipuladores ponen intencionadamente una mirada iracunda o empiezan a hablar en voz alta, esencialmente para crear confusión o preocupación en su víctima. Piensa en el sabueso azotado, que se estremece cuando se levanta un poco la mano, se hace pequeño y bajo, modificando su conducta tratando de disminuir el riesgo aparente.

Ser una persona complaciente

No hay nada malo en ser decente. Sea como sea, hay un problema cuando continuamente pasas por alto tus propios requisitos para otras personas. ¿Cómo saber si eres una persona complaciente?

¿Reventas en un movimiento libre para ayudar a alguien, ya que se refirió a una necesidad, en ese punto, despreciar débilmente sobre el breve período que necesita para completar sus propias cosas? ¿Das mucho más a los demás de lo que te dan a ti? En ese momento, puede que seas una persona complaciente.

Normalmente hay un sólido componente de "si soy agradable con los demás, no me harán daño" en las personas incesantemente complacientes.

¿No habría que decir algo sobre la Madre Teresa? Ella dio mucho de sí misma a otras personas.

La Madre Teresa no era una persona complaciente (basta con preguntar a los que regateaba para conseguir apoyo para sus esfuerzos). Las personas como la Madre Teresa ayudan a otras personas en sus propios términos y se encargan de muchas conexiones.

Falta de confianza

Si crees que es difícil decir que no, puedes experimentar los efectos nocivos de una ausencia de seguridad en ti mismo. Las personas inadecuadamente decididas son igualmente susceptibles de ser personas complacientes. Se encuentra en una situación difícil cuando también tiene una sólida antipatía por las emociones negativas.

La ausencia de empatía suele estar relacionada con la afectividad y el temor a las reacciones negativas a sus necesidades. Decir que no puede provocar que se sienta inquieto, aprensivo o incómodo. Asimismo, puede sentirse exasperado e irritado consigo mismo por ser explotado cada vez.

Muchas personas tienen estos sentimientos, sin embargo, dicen que no en cualquier caso cuando es apropiado para ellos.

Tener poca confianza en sí mismo

Los individuos con baja confianza en sí mismos son inseguros sobre su propio juicio y capacidades. Regularmente, no tienen casi ninguna autoconfianza en sus vidas. En épocas pasadas, muchas damas casadas y excepcionalmente capaces tenían una independencia disminuida ya que no habían sido criadas para esperar ser su propia predeterminación del as, particularmente fuera del hogar.

Los individuos con poca confianza en sí mismos pueden ser detectados por la forma en que buscan continuamente la contribución a la mayoría de sus elecciones pendientes, regularmente incluso las más sencillas.

La baja confianza te convierte en una simple huella para un Manipulador, ya que estará ahí para manipularte y dirigirte.

Puedes anticipar que un Manipulador debe calumniar tus temas y cualquier elección que hagas. Los

Manipuladores regularmente te dirigirán rápidamente a zonas de su propia capacidad donde pueden mostrar su insondable "dominio" y añadir a tus sentimientos de insuficiencia.

Sentir que tienes poco dominio sobre tu predeterminación

Esto se identifica con la baja confianza, sin embargo, varía en que el individuo siente que el mundo exterior tiene sustancialmente más mando sobre cómo resulta su vida que ellos. Curiosamente, los individuos con un centro interior cada vez mayor tienen una convicción más notable de que tienen un enorme nivel de mando sobre lo que les sucede.

Tener una perspectiva de Manipulación exterior sobre el mundo te hace estar indefenso ante la Manipulación y el abatimiento

Una consideración principal en la miseria es sentir que no tienes prácticamente ningún poder sobre una circunstancia continua desagradable o arriesgada. Estar con un Manipulador y aceptar que tienes poco poder sobre la vida es una fórmula para la miseria. Sus Manipulaciones y tus convicciones te llevarán a un camino de impotencia erudita.

Tener un sentimiento de personalidad inmadura

¿Tienes la sensación de que eres bastante escaso y que tu carácter es poco e inmaterial en contraste con el de las personas que te rodean? ¿Se puede decir que tienes dudas sobre quién eres en realidad y un gran motivador para ti? ¿Sigues con tu vida cada vez más a través de otros (contando los de la televisión) que de ti mismo?

Numerosos individuos han tenido una juventud en la que su valor fue constantemente calumniado o, en su juventud susceptible, recibió persistentes entradas y comentarios negativos. Tal base puede atrofiar la mejora de un individuo y debilitar su sentimiento de carácter.

Para un Manipulador, tales individuos son un magnífico pedazo de tierra indistinto, con lo cual pueden hacer sus propios planes, por regla general, para hacerte cada vez más agradable a su voluntad y conseguir que lleves tu vida progresivamente a través de ellos.

Es casi seguro que muchos de ustedes que están leyendo este artículo percibirán que tienen algunas de estas capturas, estas capturas, en general, estarán interrelacionadas alrededor de una ausencia de intrepidez y estados relacionados. Una gran cantidad de personas tienen estos atributos en mayor o menor grado y esto los hace indefensos ante la Manipulación. El control de estas cualidades es el comienzo de una mayor protección contra la Manipulación. El verdadero problema para los individuos ocurre cuando estas capturas son piezas predominantes de su carácter. Es particularmente significativo para las víctimas de los Manipuladores entender que pueden y deben cambiar.

Señales de advertencia de la Manipulación en las Relaciones

La pieza más excesivamente horrible de ser Manipulado en una relación es que regularmente no tienes ningún conocimiento de lo que está pasando, los individuos manipuladores enrollan tus contemplaciones, actividades, necesidades y deseos en algo que se adapta mejor a cómo ellos ven el mundo y te forman en alguien que llena sus propias necesidades. Aterrador, ¿no es así?

Aquí hay un par de cosas importantes a las que hay que prestar especial atención para asegurarse de que no ocurra.

Hacen que te sientas responsable... de todo

Los manipuladores siempre empiezan con la culpa; si pueden persuadirte para que te sientas arrepentido de tus actividades (en cualquier caso, cuando no has hecho nada incorrecto), en ese momento se dan cuenta de que estarás adicionalmente dispuesto a hacer lo que ellos dicen. "Quiero decir que claro, supongo que la cena estaba bien. No era lo que buscaba y hubiera preferido hacer otra cosa, pero me imagino que en la medida en que estés contenta, eso es lo único importante. Te quiero y me gusta que estés alegre, independientemente de que eso implique dejar de lado lo que necesito".

¿Ves lo que han hecho ahí? ¿Cómo le dieron la vuelta a eso? Superficialmente, hacen que parezca que son un cómplice cariñoso, sin embargo, alerta de spoiler: la culpa no es amada.

Los manipuladores igualmente intentan y hacen que aceptes que están haciendo una demostración superior de "quererte", con el objetivo de que estés adicionalmente dispuesta a dejar de lado lo que necesitas para sentir que "lo amas de la misma manera". Es un juego psíquico aniquilado.

Ponen sus incertidumbres en ti.

Los manipuladores regularmente constreñirán sus propias inestabilidades en ti con el objetivo de manipular cómo respondes hacia ellos. "Me han minado previamente y esa es la razón por la que no necesito que tengas compañeros de otro género (o del mismo sexo, según la dirección sexual). Puedes entenderlo, ¿verdad?" Sí, obviamente puedes entenderlo (y deberías ser consciente de sus debilidades), sin embargo, sus batallas no deberían caracterizar la utilidad de vuestra relación.

"Siento haber actuado así, pero es que me aterra que me dejes" es una razón que suelen dar los Manipuladores cuando sacas a relucir las imperfecciones de sus actividades. La pura motivación detrás de esa razón es quitar la concentración de tus tensiones y atraerte una vez más a las suyas.

Hay una diferencia apenas discernible entre demostrar pensamiento por sus sentimientos y ser Manipulado para que sientas lo que ellos necesitan que sientas. El pensamiento ha aparecido con el afecto mientras que la Manipulación se hace usando la culpa.

Hacen que te cuestiones a ti mismo

¿Necesitas darte cuenta de por qué es tan natural que manipulen? Porque te han adoctrinado hasta el punto de no volver a confiar en ti mismo. Lo creas o no, los Manipuladores toman tus debilidades y las usan en tu contra. Sacan a relucir lo que no es una broma y cómo podrían haber mejorado. Llaman la atención sobre tus defectos, y en ese momento te dicen que, con su ayuda, puedes mejorar, ser mejor. Poco a poco te persuaden de que tienen tus beneficios finales en lo más alto de la lista de prioridades... pero no es así.

Tienen sus beneficios finales como preocupación principal. Además, para mantener sus necesidades en primera línea de vuestra relación, contorsionan delicadamente tu especulación hasta que les pides que te orienten en todo. Cuando esto ocurre, los Manipuladores pueden hacer que usted haga fundamentalmente cualquier cosa que ellos deseen, ya que usted confía más en ellos que en usted mismo.

Te hacen responsable de sus sentimientos

Los manipuladores son divertidos ya que invierten una cantidad considerable de energía haciendo que te sientas como si no pudieras pensar por ti mismo, pero luego giran y te hacen responsable de la totalidad de sus sentimientos. Si se sienten mal, lo más probable es que te hagan responsable de ese sentimiento. En el caso de que estén furiosos, bueno, sería recomendable que te miraras a ti mismo ya que claramente has hecho algo mal.

Por mucho que te resten valor y por mucho que te hagan aceptar que no estás en absoluto capacitado para Manipular tu propia vida, anticipan que deberías ser responsable de cómo se sienten.

Hacen que aceptes que necesitas lo que ellos necesitan

En general, comenzamos las asociaciones con requisitos previos y cuestiones importantes. En cualquier caso, es normal que al empezar a mezclar dos vidas se hagan tratos. Lo que no es normal es que tengas que dejar de lado totalmente lo que necesitas para apaciguar a tu cómplice. Si empiezas a entender que las necesidades de tu cómplice se satisfacen con indudable mayor regularidad que las tuyas, puede que estés enganchado a un Manipulador.

¿Es cierto que estás cediendo a lo que ellos buscan a partir de sentimientos de culpa o a la luz del hecho de que han hecho que te sientas responsable de la manera en que ellos se sienten? ¿Has cedido a lo que necesitas ya que te han hecho aceptar que deberías necesitar algo diferente? En el caso de que hayas respondido afirmativamente a alguna de estas preguntas, deberías reexaminar la relación.

Utiliza el poder de la persuasión para mejorar tu vida

¿Se ha preguntado alguna vez por qué las personas eficaces tienen el atractivo de mantener la sala en vilo? ¿Alguna vez se ha sentido abrumado cuando los grupos empujan para estar más cerca de una persona importante para poder verla y escucharla mejor? La gran mayoría lo llamaría encanto, unos pocos, el factor X. Donald Trump lo tiene y lo mismo ocurre con Bill Gates. Oprah Winfrey fabricó su dominio sobre él.

Se llama fuerza y tiene dos caras: efecto y persuasión. La fuerza tiene una relación armoniosa con su multitud. Un hombre tiene poder ya que puede ordenar a un grupo de personas y sólo puede hacerlo sobre la base de que la multitud se lo permite, lo que da la mano de obra en cualquier caso. Todo lo que un hombre influyente puede hacer, lo puede hacer en base a que su multitud se lo concede.

Al contrario de lo que se piensa, el poder no tiene nada que ver con la manipulación. De hecho, la utilización de ambos puede dar lugar a la profanación y la hostilidad, una notable inversión de lo que la fuerza significa lograr.

La fuerza, cuando se obtiene a partir de la manipulación, puede dar lugar a encarcelamiento y a pago, incluso a duplicidad. Puede llegar a través de la retención de datos, la recompensa, incluso la oportunidad de entrega.

El efecto y la persuasión son dos de los segmentos más fundamentales que dirigen nuestras vidas, sin importar cuál sea nuestra identidad.

Podemos ser un experto en negocios vendiendo un artículo o servicio, un especialista dirigiendo a su grupo a través de una actividad, un capataz de desarrollo conduciendo a su equipo a la construcción de un pináculo, un funcionario del gobierno tratando de tener cualquier tipo de efecto, un padre tratando de mejorar una casa, o incluso un estudiante de secundaria comunicándose con sus amigos.

No importa en qué lugar de nuestras vidas nos encontremos ahora mismo, estamos necesitados de efecto y persuasión. Nos organizamos porque podemos convencer.

Podemos conseguir cosas ya que podemos hacer efecto y no necesitamos ser VIPs o peces gordos de los negocios. Utilizamos el efecto y la persuasión todos los días, tanto que ni siquiera somos conscientes de ello. Lo utilizamos en los suministros de alimentos, en los centros comerciales, en los lugares de trabajo, en los parques, significativamente en la mesa de comer.

La dotación de efecto y persuasión es innata en cada uno de nosotros. Algunas personas sólo son competentes en ello desde que lo perciben y se han empeñado en sostener esta bendición. Un método convincente para crearlo es averiguar cómo impartir bien - tener la opción de sintonizar con consideración y comprender los signos verbales y no verbales y ser delicado con los objetivos del otro individuo.

Intentar averiguar cómo regatear con resultados comúnmente remuneradores. Intentar ver desde la perspectiva del otro individuo. Tenga la opción de presentar sus pensamientos de forma obvia y sucinta para que el otro individuo vea lo que usted ve, sin prestar atención a cuáles son sus preferencias o predisposiciones.

Comprenda que el instinto humano es intrincado y dinámico. Funciona esencialmente; sin embargo, puede crear resultados confusos. Los individuos reaccionan a la correspondencia, ya sea afortunada o desafortunada. Además, reconocen la coherencia y la fiabilidad. Comprender lo que hace que los individuos actúen puede ayudarle a afectarles de forma más viable.

Los individuos perciben la necesidad de tener un lugar y es esta idea la que ha ayudado a numerosos individuos convincentes e influyentes a tener algún tipo de efecto simplemente hablando de esta necesidad.

También hay que tener en cuenta que las personas reaccionan más a las pequeñas decisiones que a las grandes. Es más, por encima de todo, a los individuos les gusta el agradecimiento -no la modesta profanidad de las palabras melosas- sino un justo respaldo a lo que son capaces de hacer.

Tener la opción de utilizar la intensidad del efecto y la persuasión en nuestras vidas puede tener un efecto enorme y puede encontrarnos una línea de trabajo, aumentar nuestro salario, conseguir la ayuda que necesitamos, avanzar en nuestra relación y desarrollarnos.

En conjunto no podemos ser presidentes y directores generales. De hecho, una gran parte de nosotros puede pasar su vida inmaculada por los focos, oscura para el resto del mundo. Sin embargo, ser capaz de efectuar y convencer puede ayudarnos a mejorar la naturaleza de nuestras vidas y la de todos los que nos rodean.

La intensidad del efecto y la persuasión es la batería que hace funcionar a nuestro público en general. Fabrica países y hace avanzar la armonía. Potencia la relación y hace avanzar la iniciativa.

De hecho, sin el efecto y la persuasión, el mundo no sería lo que conocemos hoy en día, y lo que incluso puede ser ahora en la posibilidad de que sólo utilizamos estos dos con precisión.

Técnicas de convencimiento en un nivel intermedio

Cuando te sientas seguro de que has construido tus aptitudes fundamentales del sistema, puedes empezar a investigar el camino hacia la utilización de los métodos de convencimiento intermedios. Estos métodos requieren más tiempo para aprender y pueden requerir que algunos tengan la oportunidad de ensayar y mejorar. De la misma manera, la mayor parte de estos métodos son típicamente mejores en los adultos ya que los jóvenes no están constantemente equipados para el tipo de razonamiento que hace que estos procedimientos sean convincentes en la Persuasión.

Magnetismo

En el momento en que hemos hablado de los individuos que normalmente son influyentes, una de las cualidades más reconocidas que comparten estas personas es que son seductoras. En el momento en que un individuo tiene todos los indicios de estar cargado de certeza y es llamativo, normalmente estamos dispuestos a aceptar a ese individuo. Este tipo de Persuasión se expande sobre las incertidumbres que cada uno de nosotros tiene como personas; el pensamiento es que en la posibilidad de que nos sintamos poco confiables en nuestra ausencia de información o convicción, probablemente vamos a aceptar que alguien que actúa con certeza tiene las respuestas apropiadas.

Si nos centramos y tratamos de echar un vistazo a una circunstancia con imparcialidad, podemos, en su mayor parte, seleccionar a los individuos que aparecen normalmente en prácticamente cualquier escenario. Los niños conocidos que no son tan hábiles o que pueden no ser generalmente de excelente aspecto son regularmente excepcionalmente seductores. Los legisladores excepcionalmente fructíferos serán, en general, magnéticos. Un individuo magnético con talento desprende vitalidad y un sentimiento de estar vivo que atrae a los demás. Esas personas suelen acabar aceptando lo que el individuo dice básicamente porque el individuo encantador parece confiar en él y nos parece que ese individuo engancha aquí y allá.

El doble lenguaje

Utilizar el doble lenguaje es una convención muy arraigada y un tipo de persuasión que requiere poco dominio para utilizarlo; deberías, sea como sea, tener una comprensión decente de cuándo utilizarlo. Las palabras clave se utilizan generalmente cuando hay que hacer o discutir algo que es terrible para la gran mayoría, ya que el objetivo principal es ajustar las reacciones entusiastas de los individuos. Por ejemplo, cuidar del perro suena mucho mejor que asesinar al can a pesar de que implica algo muy similar. Cuando se transmiten noticias terribles, la utilización de palabras clave puede ayudar a facilitar el procedimiento tanto para usted como para la persona que se encuentra en el extremo menos deseable de la noticia. Sea como fuere, hay que estar atento para no utilizar palabras clave en una circunstancia equivocada o cuando el doble lenguaje pueda ser malinterpretado. Algunas personas no son tan conscientes socialmente y pueden juzgar mal un doble lenguaje; de vez en cuando es mejor para todos decir simplemente las palabras correctas que utilizar unas cuantas palabras en clave, ninguna de las cuales el individuo entiende. Si alguien utiliza términos indirectos con usted, piense si lo hace para calmar el golpe o si lo hace para moderar su reacción y hacer su vida más sencilla.

Los individuos perciben la necesidad de tener un lugar y es esta idea la que ha ayudado a numerosos individuos convincentes e influyentes a tener algún tipo de efecto simplemente hablando de esta necesidad.

También hay que tener en cuenta que las personas reaccionan más a las pequeñas decisiones que a las grandes. Es más, por encima de todo, a los individuos les gusta el agradecimiento -no la modesta profanidad de las palabras melosas- sino un justo respaldo a lo que son capaces de hacer.

Tener la opción de utilizar la intensidad del efecto y la persuasión en nuestras vidas puede tener un efecto enorme y puede encontrarnos una línea de trabajo, aumentar nuestro salario, conseguir la ayuda que necesitamos, avanzar en nuestra relación y desarrollarnos.

En conjunto no podemos ser presidentes y directores generales. De hecho, una gran parte de nosotros puede pasar su vida inmaculada por los focos, oscura para el resto del mundo. Sin embargo, ser capaz de efectuar y convencer puede ayudarnos a mejorar la naturaleza de nuestras vidas y la de todos los que nos rodean.

La intensidad del efecto y la persuasión es la batería que hace funcionar a nuestro público en general.

Fabrica países y hace avanzar la armonía. Potencia la relación y hace avanzar la iniciativa.

De hecho, sin el efecto y la persuasión, el mundo no sería lo que conocemos hoy en día, y lo que incluso puede ser ahora en la posibilidad de que sólo utilizamos estos dos con precisión.

Extrapolación

Básicamente, la extrapolación es el punto en el que se llega a un extremo enorme dependiendo de un par de pruebas o marcadores extremadamente pequeños. Imagina a un niño emocional de varios años que tiene una batalla con su compañero más cercano. Puede llorar a su madre gritando: "¡Dios mío, mi vida está acabada y todo está destruido!". Aunque este modelo no es poderoso para nadie más allá de los 13 años, te sorprendería la recurrencia con la que se utiliza esta idea equivalente para convencer a reuniones colosales de individuos. Los medios de comunicación, los legisladores, los administradores de empresas, etc. utilizarán la extrapolación para manipular a la gente reduciendo una cuestión tremenda a una explicación excepcionalmente básica. Los lemas se basan normalmente en la extrapolación, ya que arruinan o ignoran las complejidades de un asunto y destacan todo lo que al final necesitan que se extraiga.

Imagínese las cuestiones relativas a las leyes sobre armas de fuego. Un intenso disidente de los derechos de las armas de fuego podría probablemente hacer declaraciones como: "Se puede ejecutar a alguien con una cuchilla; ¿vamos a boicotear los cortes?" Este individuo ha tomado lo que es realmente un tema social muy alucinante y ha intentado reducirlo a una articulación que es a todas luces sensata. Por regla general, lo que no está dejando saber es cuánto más rápido ejecutan las armas, qué número de individuos más matan las armas de fuego, y el contraste entre la cosmética mental de los individuos que usan cuchillas en contraste con los individuos que usan armas de fuego. Esto no debería implicar que su posición no sea correcta o incluso que su anuncio esté fuera de base; más bien, es una explicación deficiente que depende de ignorar la naturaleza multifacética de la cuestión. Independientemente de lo bien que suene, si una pegatina de un guardia parece condensar una situación sobre una cuestión social desconcertante, suele ser poco realista.

Además, hay que tener en cuenta que la extrapolación puede ser un pensamiento positivo. Aunque el idealismo en sí mismo es algo extraordinario, estamos hablando de la clase de promociones que garantizan que un artículo cumplirá un objetivo específico cuando sólo ha cumplido una etapa o parte de ese objetivo. Este tipo de extrapolación suele ir acompañada de una tergiversación. Hubo una cruzada de promoción de un medicamento específico recomendado por los médicos para tratar la fibromialgia. En las investigaciones clínicas, un segmento notable de los miembros del programa descubrió que esta medicación disminuía sus efectos secundarios de tormento. Por lo tanto, la batalla publicitaria destaca a las personas con fibromialgia cultivando, dirigiendo un restaurante y realizando diferentes tareas. Prácticamente cualquier individuo con esta condición revelará a usted que tomar esta solución puede ayudar, sin embargo, no les permite jugar a cabo ese tipo de empresas. Al tomar un hallazgo del examen, la organización extrapoló que los individuos que experimentan una agonía interminable tendrían la opción de cambiar totalmente su forma de vida dependiente de este medicamento.

Blandishment

El conocido adagio dice: "El Blandishment funciona sin falta"; esto puede no ser muy preciso, sin embargo, las palabras melosas seguramente de vez en cuando perjudican la circunstancia. A todo el mundo le gusta que le digan que es inteligente, excelente, magnífico, etc. La cuestión es que cuando los individuos pueden persuadirnos para que aceptemos o llevemos a cabo formas específicas ya que tenemos que parecer, a todas luces, esas cosas brillantes que desde ahora esperan que seamos.

El blandishment debe hacerse en porciones estimadas ya que tiende a ser extremadamente simple de ver a través de, particularmente por los individuos que obtienen la charla dulce constantemente. Piensa en un establecimiento altruista. El establecimiento es una manipulación dirigida por un director general de la empresa que estudia constantemente un gran número de solicitudes de premios para asociaciones benéficas de mérito en todo el país. Este tipo de individuo está obligado a reaccionar enfáticamente a un retrato preciso de lo que hace la fundación en contraposición a una recomendación que incesantemente hace referencia a lo magnífico que es el CEO o su organización.

No es nada difícil utilizar palabras melosas con las personas, pero hay que tener cuidado con las condiciones en las que se utilizan y con el tamaño de las dosis.

Abusar verbalmente o intimidar

Este tipo de persuasión es realmente lo que parece, la utilización de estrategias de tormento para obtener un resultado ideal. En los Estados Unidos, a pesar de cómo la sociedad ha empujado contra los arreglos y proyectos de acoso, siempre verá en la televisión que los estudiantes no son los únicos que toman parte en esta fea conducta de usar el abuso verbal.

Los anuncios, de forma similar, utilizan con la mayor frecuencia posible afrentas (independientemente de que sean inequívocas o sugeridas) como lo hacen las personas. Los anuncios pueden afirmar o inferir que algo es feo, indeseable, perezoso, inactivo, desconsiderado, gordo, terrible, etc. Las promociones más largas, por ejemplo, los infomerciales, son especialmente terribles, ya que suelen depender de este tipo de estrategia.

Preste mucha atención a cada vez que alguien, independientemente de que no llame legítimamente a un nombre, infiera que usted es de una u otra manera de segunda categoría, excepto si compra su artículo o consiente su perspectiva.

No todos los insultos o acosos verbales están coordinados hacia la persona. Numerosas organizaciones y legisladores tendrán anuncios negativos en los que agreden los beneficios de un contendiente. Cuando hay un contraste genuino en calidad o legitimidad, es impecable que se llame la atención sobre esa distinción. No obstante, tenga cuidado con la gente, las reuniones o las organizaciones que van demasiado lejos en ser acosadores o despreciativos hacia aquellos que no pueden evitar contradecirlos.

Confío en que en este momento esté preparado para seguir investigando los métodos influyentes del medio. Una vez más, comprenda que la persuasión puede ser utilizada por razones positivas o negativas.

A medida que se aclaran estos métodos poderosos, considere constantemente bajo qué condiciones es moral utilizarlos y cuándo no sería correcto. Averiguar cómo convencer a los demás es una empresa encomiable, ya que la persuasión puede ayudar a crear un mundo mejor. En definitiva, sé caballeroso y preocúpate de cómo tratas a los demás mientras averiguas cómo influir en ellos.

Originalidad

Los individuos aman las cosas que son nuevas. En Estados Unidos, valoramos mucho la innovación y los nuevos avances. De la misma manera, frecuentemente nos atraen las cosas que nos dan un beneficio rápido para nuestra especulación y consideramos que las cosas más actuales tienen una mayor probabilidad de hacerlo que las cosas más establecidas. Los nuevos artículos y los nuevos pensamientos deben anunciarse bien con el objetivo de que los individuos sepan que existen. Todo considerado, mientras usted puede conseguir el mensaje hacia fuera allí, la manera que usted está avanzando algo como nuevo, sin importar si no es generalmente nuevo u otro pensamiento, usted va a tener probablemente la opción para crear la ayuda impresionante.

Esto es igualmente válido en la vida de los individuos todo lo que se considera para las organizaciones y los funcionarios del gobierno. A un gran número de personas les gusta aceptar que sus circunstancias pueden mejorar, por lo que captan cosas nuevas. Obviamente, la gente también está dispuesta a oponerse al cambio, por lo que los nuevos componentes, personas o pensamientos deben ser transmitidos en el momento oportuno y a la velocidad correcta. De vez en cuando, la velocidad con la que un individuo capta algo nuevo viene dictada principalmente por su actitud hacia lo antiguo. Por ejemplo, una persona que se ha separado últimamente de un individuo está indiscutiblemente más dispuesta a otra relación que alguien que se ha quedado sin pareja. Al presentarse a sí mismo o a sus pensamientos como nuevo, está obligado a ser eficaz en sus esfuerzos por convencer.

Compatibilidad

Una de las estrategias más probadas para la Persuasión, sobre todo teniendo en cuenta ciertos temas y objetivos de Persuasión, es construir afinidad. La construcción de la compatibilidad puede tomar lapsos de tiempo cambiantes dependiendo de la sugestionabilidad y la tendencia a la confianza del individuo al que se intenta convencer. En el caso de que usted esté coqueteando con una dama en un bar, por ejemplo, si a ella se le coquetea mucho, podría llevarle más tiempo acostumbrarse a usted que a una dama a la que se le aborda de vez en cuando.

Por otra parte, un niño suele ser fácil de compatibilizar con él, ya que está progresivamente dispuesto a confiar en alguien que comparte algo prácticamente con él. Para empezar a construir la compatibilidad con cualquier persona, exprese su entusiasmo por lo que piensa, siente o le gusta. En ese momento, reconozca las cosas que puede compartir prácticamente hablando; si una cita potencial dice que prefiere la música de jazz antigua, observe que simplemente estaba sintonizando un CD de Billy Holiday. En la mayoría de los casos, buscamos a personas (en cada tipo de relación) que compartan cosas a todos los efectos con nosotros o que tengan un interés similar, por lo que normalmente reaccionamos bien cuando alguien intenta crear afinidad. Sea como sea, asegúrate de mantenerla tan genuina como sea prudente y no la exageres, la afinidad es más sencilla de crear cuando no te excedes.

Preguntas de carácter facial

Uno de los enfoques más reconocidos para crear compatibilidad es utilizar preguntas no serias. Todos hemos observado anuncios que comienzan con: "¿Estás agotado por la celulitis poco atractiva?" o "¿Preferirías no deshacerte de esa terrible migraña?". Aparte de que la televisión no anticipa que usted deba responder, se sugiere claramente la respuesta adecuada que tendrá en su mente. Además de que esto ayuda a la empresa a ganarse tu consideración, inicia un ejemplo de consentimiento pasivo. Así, cuando intentan cerrar el trato, usted es progresivamente vulnerable a proceder a concurrir con la promoción.

Para la gente, hacer coincidir las preguntas no serias con la adulación es un desarrollo del carácter. Por ejemplo, digamos que necesitas emparejar a tu hermana con un compañero de tu amor. Puede que estés viendo una película o un programa de televisión en el que un personaje masculino se lo monta en serio. Te diriges a tu hermana y le dices: "¿No aborreces cuando la gente es así? Me vuelve loca. Estoy muy contenta de que John no me trate así". Después de que tu hermana reaccione, sigues diciendo: "Hola, ¿te llamó alguna vez esa persona que conociste (dándose cuenta de que no lo hizo)? Te mereces mucho más. (Respiro) De hecho, ¡conozco a alguien que podría ser extraordinario para ti! ¿Te acuerdas del compañero de John, Paul?". Esta mezcla de preguntas jocosas y palabras dulces funciona admirablemente porque hace que el otro individuo acepte que tienes sus beneficios finales en un nivel básico.

Soluciones básicas

Una vez más, este procedimiento tentador es correctamente lo que parece; Como la posibilidad de extrapolación, un acuerdo básico coloca que hay una solución simple a los problemas que nos aquejan. Como personas, nuestro yo individual es impredecible. En conjunto nos encontramos con un montón de sentimientos y en conjunto tenemos nuestros propios puntos de vista que llevamos a todo lo que decimos y hacemos. Nuestros cuerpos son intrincados, nuestras convicciones son alucinantes, nuestras cualidades son imprevisibles, etc. La forma en que nos relacionamos con los demás es igualmente enmarañada y ofrece en todo caso el doble de factores, ya que en la actualidad hay en todo caso dos individuos comunicándose.

Este desorden de imprevisibilidad se extiende exponencialmente cuando pensamos en la totalidad de las cuestiones de nuestro entorno general. No es una gran sorpresa entonces que cada uno de nosotros necesite con tanta urgencia que se le dé una respuesta básica para básicamente cualquier asunto. Está claro que todos necesitamos la armonía mundial, pero también deseamos una respuesta sencilla sobre qué preparar para la cena si nos sentimos bastante agobiados. Los funcionarios del gobierno son especialmente capaces de utilizar esta estrategia cuando intentan convencernos de dos cosas: una, que hay una respuesta sencilla para un problema social intrincado y dos, que ellos son el ejemplo de respuestas básicas para problemas complejos. En el caso de que puedas introducir una idea o incluso un artículo que sea, a todas luces, una respuesta que hará que la vida de las personas sea menos alucinante y más sencilla de supervisar, probablemente les convencerás de que compren lo que estás vendiendo.

Carril de la dificultad

Esta estrategia une componentes de extrapolación y temor. En enero de 2013, el presidente Obama pidió un poco de promulgación que confinaría a las personas que experimentan problemas de bienestar psicológico extremo de la compra de armas de fuego; además, se esfuerza por restringir la utilización de armas de emboscada.

Ninguna de estas recomendaciones es nueva y ninguna presenta ningún riesgo para el propietario de un arma de fuego corriente. De hecho, incluso la mayoría de los propietarios de armas de fuego atípicas no se verán en absoluto afectados por esta promulgación. Por otra parte, algunas personas de la campaña de armas de fuego han producido apoyo contra esta promulgación garantizando que la administración está tratando de eliminar nuestras armas. Algunas personas incluso han comparado esta promulgación con las acusaciones de que Hitler negó previamente la posesión individual de armas de fuego en la Alemania anterior a la Segunda Guerra Mundial; esta afiliación funciona claramente como una contención de inclinación difícil, ya que consolida la extrapolación y el temor. Aunque muchas personas pueden aislar sus sentimientos de su razón de ser, este tipo de argumentos son muy fructíferos ya que se alimentan del miedo de las personas y de la convicción de que una etapa traerá consigo un final potencial que puede estar a muchos avances de distancia con multitud de otros cierres potenciales.

CAPÌTULO VIII

LAVADO DE CEREBRO

El lavado de cerebro tiene una historia oscura. Normalmente, cuando pensamos en el término, probablemente nos imaginemos a los pioneros de las camarillas o incluso a los espías de la CIA que están decididos a hacer que los demás se plieguen a su voluntad a través de un tipo de Manipulación mental. Entonces, ¿es la Hipnosis de Manipulación mental un tipo de Lavado de Cerebro? Fundamentalmente, supongo que podría ser visto como tal. En definitiva, la Manipulación mental de la hipnosis pretende impactar en el cerebro del sujeto y eso es lo que hace también el adoctrinamiento. Sea como fuere, en general, creo que el lavado de cerebro tiene un número significativamente mayor de estrategias requeridas que el simple entrismo y sus pertenencias son más duraderas.

Mientras que una parte de nuestras oficinas administrativas son culpadas de vez en cuando por trabajar en el Lavado de Cerebro, y posiblemente lo hacen, no hay duda de que son las camarillas las que generalmente son conocidas por ensayar este tipo de Manipulación de la mente. Las camarillas tienen numerosos métodos destinados a supervisar a sus individuos y métodos para poco a poco transformarlos para que nunca más piensen libremente en cualquier caso, cuando están lejos de la religión. Las estrategias incorporan la seducción, el amor, la culpa, el apoyo negativo y el mal uso de cualquier tipo de impotencia apasionada hasta que la parte de la facción, al final, resulta ser completamente dependiente de la religión para su sentimiento de confianza y da opciones generales sobre su conducta a la camarilla.

Sin embargo, a pesar de los procedimientos de manipulación mental, el lavado de cerebro suele incluir también la desconexión física y la separación de los individuos de sus amigos y familiares, lo que es básicamente un tipo de detención. Esencialmente, el individuo que está siendo Manipulado está siendo colocado en un tiempo de preocupación que lo abarca todo, sobre el cual no tiene Manipulación y del cual no puede escapar.

Entonces, ¿no debería decirse algo sobre la Manipulación mental hechizante? Hay un montón de personas que probablemente se reirán de la posibilidad de que realmente se pueda manipular la mente de cualquier otro individuo, sin embargo, las camarillas están obviamente preparadas para lograr esto y hacerlo de manera efectiva, así que en la posibilidad de que conozcas a alguien que piensa que el pensamiento es una tontería, en ese momento, debes llamar la atención sobre la totalidad de las religiones que han hecho efectivamente como tal durante un tiempo considerable.

Evidentemente, la seducción funciona y, una vez que descubres cómo utilizar estos procedimientos de seducción secretos, no necesitas salir y crear tu propia camarilla. A decir verdad, eso es un maltrato de estas habilidades. Es concebible averiguar cómo impactar a los individuos sin causar daño. Llamar a este tipo de impacto "Manipulación de la mente" puede ser visto como algo loco en ocasiones, particularmente debido a la idea impermanente de la mayoría de los métodos de inducción del sueño ya que regularmente son de naturaleza conversacional.

Las personas que utilizan el trance conversacional en no pasear por zombified, sin embargo, no hay duda de que los sistemas de inducción del sueño, sin duda, el trabajo y la patada a través de una tonelada de obstrucción, sobre todo si usted está afectando a alguien para lograr algo que realmente necesitaba hacer en cualquier caso, es decir, ayudarle a lograr sus objetivos.

Hay métodos para adoctrinarte que son incógnitos, tediosos y excepcionalmente poderosos. Lo más probable es que estés aceptando un lavado de cerebro sin que te des cuenta en este momento. Estos métodos son la explicación de que tengas sobrepeso, fumes, tengas tormentos y no puedas descansar, junto a la gran mayoría de tus carencias.

Has estado aceptando mensajes desde que puedes recordar que te han hecho cuestionar tus propias reflexiones, convicciones y reconocimientos. Esto ocurre constantemente y se ha convertido en un procedimiento esencial de las acciones humanas. Este tipo de acciones se utilizan regularmente en beneficio de otra reunión. No obstante, al percibir estas estrategias en la vida real puedes detenerlas antes de que te perjudiquen más.

La mayor parte de estos procedimientos es convincente hasta tal punto que el beneficiario se replantea con entusiasmo lo que ve. No obstante, estos sistemas pueden ser igualmente extremadamente intensos solicitando emblemáticamente que el beneficiario cambie su discernimiento.

Una de estas estrategias secretas de Lavado de Cerebro ocurre dentro de la configuración de direccionamiento. El direccionamiento continuo compuesto en un ejemplo inseguro hará que el sujeto descomponga cosas sobre las que no estaba en ningún caso pensando. A medida que este procedimiento continúa el sujeto termina accidentalmente hasta que hay un desorden con respecto a la primera idea o experiencia. Otro recuerdo, pensamiento o perspectiva modificada podría ser el producto final.

Esto es lo que ocurre cuando un individuo con talento te hace preguntas. Cada vez que se presenta una dirección, usted puede reaccionar con variedades sin pretensiones de una historia o un recuerdo. Este especialista con talento, publicista, figura de autoridad, puede hacer que al final se cuestione su propio razonamiento. Cuanto más se alargue este procedimiento, cuanto más se repita, menos percibirás el ejemplo, más convincente será el resultado. Antes de que te des cuenta, no tienes ni la más remota idea de lo que piensas o has encontrado y cuanto más coincides con el mensaje, el aviso o la representación de los datos por parte de las figuras de autoridad. ¡Recientemente has sido condicionado mentalmente!

Enfóquese y reconozca el lavado de cerebro

En la remota posibilidad de que te enfoques en las noticias, en los publicistas, en las figuras de poder, comenzarás a ver este tipo de Lavado de Cerebro. Algunas personas son tan talentosas en estas estrategias que lo usan como un tipo estándar de trato con la gente.

Si no tienes culpa, acabarás siendo una desafortunada víctima. Es imprescindible tener cuidado con estas estrategias. Tienes que darte cuenta de que estás bajo una emboscada constante. En el caso de que no lo hagas pronto, nunca más tendrás una idea única. Nunca más tendrás puntos de vista reconocibles. Nunca más serás responsable de tu vida. Te figurarás, harás, comprarás, seguirás y serás uno de los numerosos que han sido condicionados mentalmente. Además, ¡no lo entenderás!

Tienes que abordar todo. Si tienes sobrepeso, si no puedes dejar de fumar, si estás perplejo en el tormento, si te mantienes alerta a la hora de dormir con un trastorno del sueño, con tu mente trabajando, impidiéndote descansar, si tienes alguna condición de la que otra persona pueda beneficiarse, esa condición fue hecha, y nadie más que tú puede invertirla.

Lavado de Cerebro - Cómo el lenguaje da forma a nuestra realidad

Numerosas personas consideran que el lavado de cerebro es algo totalmente extraño, algo que ocurre sólo en las películas de ciencia ficción. Tal vez el camino hacia el condicionamiento mental requiere un chip de PC que se incrusta en la mente. O por otro lado, un encuentro extremo en el que se atornilla a alguien durante bastante tiempo o incluso meses y se experimenta alguna técnica hasta que se rompe su voluntad.

En cualquier caso, en la actualidad, el Lavado de Cerebro no necesita ser algo electrizante. Ya que todo lo necesario para condicionar mentalmente a otra persona es el lenguaje; el lenguaje es el cuadrado de la estructura de nuestros encuentros - es la cosa que usamos para transmitir y compartir pensamientos, emociones y encuentros. Es nuestra propia impresión vista de la realidad.

Sin embargo, no es más que un reflejo. Además, en ese sentido, no es lo mismo que nuestra auténtica realidad vista. Por ejemplo, hay una gran cantidad de cosas que excluyen nuestros encuentros cuando hablamos. En el caso de que intentáramos incorporar todo, sería esencialmente excesivo, no podríamos explicar todo sobre nuestra existencia. Así que borramos algo de nuestra experiencia. Es más, también deformamos algunas cosas cuando impartimos - lo que implica que eludimos algunas sutilezas, pero también cambiamos algunas sutilezas. Y después, resumimos: tomamos una experiencia explícita y la aplicamos a otras.

Todo este procedimiento está muy lejos de ser genial, pero es lo mejor que tenemos a nuestra disposición, y realmente funciona de forma asombrosa teniendo en cuenta todos sus puntos débiles.

Sin embargo, a la luz del hecho de que está muy lejos de ser grande, también hace que las formas de perturbar nuestras mentes o entonces otra vez para nosotros, para perturbar los cerebros de los demás.

Ya que las especulaciones, mutilaciones y borraduras que ocurren en el lenguaje se asemejan a pasajes secundarios que nos hacen factible deslizarnos furtivamente en los cerebros de los demás.

Esa es la razón por la que el lenguaje que induce al sueño es una baza tan asombrosa para impactar en las mentes y los sentimientos.

El procedimiento es siempre el mismo. En primer lugar, reconoces los ejemplos del otro individuo. En el momento en que tienes una comprensión expresa de las especulaciones, contorsiones y cancelaciones, esto es totalmente sencillo. Además, le permite dar sentido a la realidad rápidamente cómo otra persona.

En ese momento, utilizas sus ejemplos en ellos mismos, y esto es sorprendentemente innovador. Es como si adaptaras tu lenguaje a ellos. En el momento en que usted puede hablar con los individuos en este momento, es como si estuvieran conversando con ellos mismos en sus propias cabezas.

Sabrás con precisión cómo presionar sus capturas. Es más, sabrás con precisión cómo les afectará y qué hará la cosa.

Además, eso es todo lo necesario para adoctrinar el lenguaje de alguien. Usted descubre cómo impactar a alguien y después lo hace realmente de forma impresionante, y a lo largo de una discusión típica, puede cambiar sus sentimientos, sensaciones y consideraciones.

Lavado de Cerebro con Manipulación Mental

El Lavado de Cerebro con Manipulación Mental es un procedimiento en el que alguien utiliza la Manipulación y métodos engañosos para convencer a alguien de que cumpla con los deseos del individuo a cargo. En la mayoría de los casos, este procedimiento ocurre en perjuicio del individuo que está siendo programado mentalmente. Otros nombres normales para ella incluyen influencia coercitiva, sin embargo, cambio, y Manipulación del pensamiento, entre diferentes nombres. Hay diferentes maneras por las que se suele utilizar, y este artículo explicará algunas de ellas.

Una de las formas en que se ha utilizado la influencia coercitiva es a través de las estrategias de los sistemas autoritarios de todo el mundo. Estos sistemas no tienen ningún reparo en aplicar el poder para conseguir lo que necesitan, independientemente de que ese poder sea excesivo y sin escrúpulos. En esa capacidad, se sabe que prevalecen en lo que respecta a inculcar a sus detenidos de la guerra con diferentes sistemas, incluyendo la publicidad constante a propósito y el tormento.

Otra forma de utilizar estos sistemas de lavado de cerebro con manipulación mental es en los nuevos desarrollos estrictos. Con frecuencia, las nuevas reuniones estrictas que surgen son impulsadas por personas excepcionalmente encantadoras que utilizan poderes particularmente persuasivos en cuanto a la influencia, al igual que la capacidad de programar mentalmente a otros a través de diferentes técnicas, una de las cuales es la reclusión de los seres queridos. Al estar alejado de los demás con diversas perspectivas, uno se atrinchera más sólidamente en las convicciones de la reunión.

El último modelo es menos vil, aunque de vez en cuando, cuando se lleva a los límites, puede provocar resultados desafortunados. Los individuos de las organizaciones y hermandades en las escuelas son además engañados y obligados a soportar diferentes instancias de tormento y mortificación mental y física para convertirse en miembros de la reunión. Al diezmar el sentido de sí mismo sometiéndose a un experto de la posición más significativa en la reunión, o mediante la realización de diferentes actos que son regularmente mortificantes, el individuo comienza a construir una sólida personalidad de la reunión y la falta de voluntad. Con frecuencia, la idea exagerada de una parte de las pruebas físicas que se les hace realizar a los aspirantes puede provocar auténticas lesiones reales, e incluso la aprobación. Esta estrategia de adoctrinamiento lleva a los individuos de determinadas organizaciones a hacer cosas que no harían a pesar de la dinámica de reunión que los empuja.

Hay numerosos casos de Lavado de Cerebro por Manipulación Mental aparte de los tres referidos ahora. Este es un tema enorme que también es pertinente a los acuerdos, la ayuda militar, y numerosas zonas diferentes. Es más, es imperativo tomar nota de que hay enfoques morales para impactar a otros que no incluyen ningún tipo de tormento o Manipulación mental maligna.

CAPÌTULO IV

PNL (PROGRAMACIÓN NEUROLINGÜÍSTICA)

La PNL le enseña los principios generales por los que puede conseguir las cosas que desea en la vida. Estos principios, cuando se aplican de forma coherente y adecuada, dan lugar a un cambio de perspectivas. Te vuelves más confiado y menos molesto por las emociones; eres capaz de superar los miedos; tus pensamientos están más dirigidos y enfocados porque te habrás desprendido de tus creencias negativas y pensamientos repetitivos; y te conviertes en un excelente comunicador.

Gracias a la mejora de los patrones de pensamiento y de la confianza en uno mismo, es capaz de influir en los demás con mayor facilidad. En el pasado, probablemente habrías preferido quedarte en un segundo plano, pero con la PNL querrás estar en el centro de las cosas, que es el lugar en el que debes estar si quieres tener éxito en la vida o marcar una diferencia significativa.

Cómo la PNL puede transformar tu vida

¿Cambiará tu vida con la PNL?

"Después de terminar los cursos de PNL, me quedó claro que nunca me conformaría con nada, especialmente cuando eso significa trabajar en un empleo que detesto. Fueron las ganas y la ambición las que hicieron que los factores de decisión fueran para mí. Ni siquiera he mirado atrás después de dejar mi trabajo, pero fue sobre todo por el apoyo que recibí de mi mujer. Ahora estoy muy contento con mi trabajo, gano mucho más que antes y trabajo menos horas.

Otra cosa buena es que puedo entrar en grupos grandes sin sentirme tímido o ansioso y que he empezado a enfrentarme a mis miedos, al tiempo que he podido encontrar la paz, tanto interior como exterior, que llevaba deseando desde hace mucho tiempo. Esto era sólo una pequeña nota para que todos sepan que los milagros han estado sucediendo y les agradezco por ello."

Qué pasa con tu vida

La cita anterior es sólo uno de los muchos testimonios de cómo la PNL ha cambiado realmente la vida de alguien para mejor. Recibo correos electrónicos como este todos los días y mi corazón simplemente estalla de emoción, pero luego, también encuentro noticias sobre todos los programadores anti-neolingüísticos que hay en el mundo.

No es ningún secreto que la PNL o programación neurolingüística se ha convertido en un tema muy controvertido. Aunque no se puede negar la utilidad de la PNL para los negocios, la educación, el coaching y el desarrollo personal, mucha gente sigue criticándola como algo sobrevalorado e inútil. Estas críticas suelen ser realizadas por quienes no tienen experiencia alguna en PNL. La razón por la que recibe muchos comentarios negativos es porque la Programación Neurolingüística está todavía bajo mucha investigación y debate, siendo una ciencia que aún no ha sido descubierta completamente. Así que la pregunta realmente es, ¿merece la pena la PNL y realmente le dará a su vida un vuelco? Debo advertirte, sin embargo, antes de que profundices en este tema.

Realmente no existe la verdad, sino sólo cómo la percibes.

Incluso yo digo a menudo estas palabras justo antes de empezar mis formaciones. Aquellos que apoyan las formaciones en PNL descubrirán que, aparte de las herramientas utilizadas, la PNL también enseña el camino o la actitud que le permitirá a uno hacer un cambio y ver los resultados.

- La perspectiva de la curiosidad se enseña en la PNL.

- La PNL enseña a mantener una mente abierta.

- La flexibilidad se enseña en la PNL.

Puede parecer difícil comprender el pensamiento de la PNL, ya que realmente no hay hechos que se puedan ver, pero hay modelos. Realmente depende de la persona el aceptar o no estos modelos. Las personas que son lo suficientemente maduras y abiertas para satisfacer su curiosidad obtendrán los mejores resultados con las lecciones aplicadas de la PNL.

"La mente, como un paracaídas, sólo funciona cuando se abre". (Dr. Krasner).

En realidad no se trata de dudar de la PNL o no, sino más bien de hacer que la PNL funcione y poner ese esfuerzo para que funcione.

Los estudiantes de PNL aprenderán a aplicar la forma de pensar que les resulte productiva. Aprenderán cómo su creencia de sí mismos resultará en un cambio. También se enseñará la importancia de la vida, la espiritualidad, la carrera, las relaciones, el estado físico y la salud. Se trata de aprender a cambiar su forma de pensamiento automático a algo que pueda ajustarse mejor a sus hábitos personales y convertir esas respuestas poco útiles en algo productivo.

Se alejarán los pensamientos negativos, las limitaciones y las emociones, así como los obstáculos y el miedo, de los que se les enseñará a lidiar. También se les enseñará a aceptarse a sí mismos y a perdonar a los demás, así como a estar contentos con lo que son y con ellos mismos y a establecer sus objetivos futuros y cumplirlos. Algo así como hacer milagros en sus propias vidas.

Aunque todavía hay pocas pruebas científicas que demuestren el éxito de la PNL, pero todavía hay muchos testimonios que realmente demuestran que funciona. Ese día sólo llegará cuando los científicos descubran la forma de medir el éxito, la realización y la felicidad.

Básicamente, la PNL es realmente sólo acerca de la gestión y la formación de su mente, que realmente es una habilidad muy importante para tener en la vida, especialmente cuando se trata de la felicidad y el éxito en la vida. Entonces, ¿tiene la PNL realmente el poder de cambiar una vida? Realmente depende de esa persona si quiere o no.

Ser un excelente comunicador con la PNL
La programación neurolingüística o PNL es uno de los más poderosos sistemas de psicología aplicada que cualquier persona interesada en el campo de la comunicación y la persuasión puede realizar para mejorar su capacidad de convencimiento. Saber exactamente cómo se comunica la gente le permitirá ver la verdadera matriz de la comunicación, ya sea en persona, por teléfono o por cualquier otro medio electrónico como el correo electrónico, los mensajes de texto y el chat en línea.

Comunicación:

Comprensión

La compenetración se produce cuando los individuos se sincronizan en las mismas frecuencias, que entienden claramente y empatizan con lo que la otra persona está diciendo o de dónde viene. Cuando se está en este estado, la comunicación se vuelve mucho más potente y natural, ya que las partes confían la una en la otra. Los patrones estándar que emplean los practicantes neurolingüísticos para entrar en este estado empático son los siguientes:

Espejar

Se refiere a ser consciente de los gestos y manierismos, incluyendo las palabras importantes (palabras de trance); los valores personales que la otra parte está diciendo, que luego tratas de retroalimentar al hablante. La gente confía en sí misma y cuanto más presente estés como un reflejo de ellos mismos, más aptos serán para creerte.

Nota: reflejar no significa ser un imitador. Tiene que ser no evidente, casi invisible y, sin embargo, perceptible para la mente inconsciente de la persona.

Acompañar y guiar

Acompañar significa demostrar que tienes una apreciación de la realidad de la otra persona, lo que puedes hacer señalando cosas que son innegables en su situación actual.

Dirigir significa agarrar a la otra persona de la mano y llevarla a donde tú quieras que vaya.

El patrón general es el siguiente: Ritmo, Ritmo, Ritmo, y Guiar. Que más tarde se convierte en Ritmo, Ritmo, Guiar, Guiar. Finalmente se convierte en Ritmo, Ritmo, Ritmo, Ritmo.

Supongamos que eres un chico que quiere conocer a esa hermosa chica que ves en el centro comercial, ¿cómo aplicamos este principio?

Hola, sé que es completamente aleatorio (P), y que probablemente te parezca raro (P), ya que no nos conocemos y todo eso (P), ¿puedo saber tu nombre (L)?

Cuanto más se relacione, menos declaraciones de ritmo tendrá que hacer y podrá salirse con la suya. Un ejemplo sería:

¿Así que estás esperando a un amigo (P)? Genial, vamos a sentarnos allí. Vamos a sentarnos allí (L), háblame más de ti (L), pero mándale un mensaje a tu amiga para que sepa dónde estás (L).

Esto es sólo un ejemplo y el mismo patrón se puede aplicar ya sea para aplicaciones de negocios, para resolver conflictos familiares, conseguir un mejor trato en un coche, etc.

VAKOG (Visual/Auditivo/Cinestésico/Olfativo/ Gustativo)

Canales sensoriales

Cada persona es única y se comunica predominantemente por cualquiera de estos canales sensoriales.

Los fotógrafos y los pintores tienden a ser V, los músicos A, los bailarines y los actores K, los diseñadores de perfumes O, y los cocineros como G.

El canal preferido cambia en función del tema que se trate. Sin embargo, para que la comunicación sea impactante y se reciba con claridad, hay que enviarla principalmente al canal al que el sujeto sea más receptivo.

Leer a la otra persona con los movimientos oculares de la PNL

Las señales de acceso a los ojos de la PNL o los movimientos laterales de los ojos representan el proceso mental interno de una persona que puede ser fácilmente observado y cuantificado (muy útil en el modelado) y puede proporcionar pistas sobre cómo piensa la persona. Al tener la agudeza sensorial para observar las señales no verbales, el sujeto se subcomunica; casi se tiene una radiografía, por así decirlo, para ver a través de la mente de otras personas.

Otra aplicación de conocer las señales de acceso a los ojos es poder detectar el engaño. Aunque no siempre es fiable, especialmente si se trata de un mentiroso compulsivo o de alguien que realmente cree que sus mentiras son hechos, esta aplicación puede no resultar tan útil.

La mayor ventaja de utilizar esta tecnología es conocer los procesos internos y los sistemas de representación a los que accede una persona mientras se comunica. Saber si una persona es predominantemente visual te ayudará a convencerla más eficazmente y a conseguir una relación más profunda y rápida, ya que sabes exactamente cómo está procesando la información.

Las localizaciones de las claves de acceso de la PNL

Por favor, entiende que este es el modelo estándar para la mayoría de la población. Algunas personas se organizan de manera diferente, aunque rara vez ocurre. Como dice Richard Bandler, fundador de la PNL, "la gente puede estar desorganizada, pero lo está de forma sistemática".

Así que recalibra en las colocaciones personalizadas cuando te encuentres con estas personas.

- Vr-Recuerdo visual - Si le pides a una persona que recuerde un recuerdo visualmente, estará mirando a sus 11 horas.
- Vc - Creación visual - Pídales que creen una imagen visual que no existe en la memoria, lo que significa que tiene que ser fabricada; mirarán a sus 1 en punto.
- Ar- Audio recall - Pedirles que recuerden un sonido de memoria, mirarán hacia las 9.
- Ac - Auditory created - pidiéndoles que fabriquen sonidos, mirarán a las 3 en punto.
- Ad - Audio digital - pidiéndoles que "hablen de sí mismos", mirarán hacia sus 7.
- K- Kinestésico - pidiéndoles que sientan una sensación o una emoción, mirarán a sus 4 en punto.

Movimientos oculares laterales en acción

Todo lo que vean se producirá a la velocidad del rayo mientras procesan la información internamente. Al pedirle a la persona que sienta algo (a las 4 en punto) se moverá rápidamente a lo que posiblemente recuerde visualmente a las 11 en punto, y luego se preguntará brevemente si es correcto a las 7 en punto, tal vez su memoria es un poco oscura o borrosa (ajustes de la submodalidad visual), por lo que hace un ajuste creando una luminosidad artificial para ir a la posición visualmente construida a las 1 en punto. Mientras están hablando del perro en el horizonte, un lindo cachorro les llama la atención por un momento así que lo miran, tratan de compararlo con un perro que conocieron cuando eran niños recordando visualmente y así sucesivamente.

Todo esto ocurre muy rápido, es difícil de seguir, así que practica más para acostumbrarte a prestar atención a este nivel de intercambio de datos (al fin y al cabo, eres observador y comunicador al mismo tiempo).

Comprensión del metamodelo de la PNL

El primer modelo que crearon los fundadores de la PNL es el modelo Metal, que surgió como resultado de modelar los estilos de intervención comunicativa de los exitosos psiquiatras Fritz Perls y Milton Erickson. Este modelo permite al operador extraer y aflojar las "codificaciones de la realidad" de los sujetos. El mapa no es el territorio y a través del lenguaje las personas son presas involuntarias y ven la vida limitada por los sesgos de sus percepciones.

Deleciones, distorsiones y generalizaciones
La comunicación es siempre imperfecta e incompleta y sólo se comunica realmente una mínima parte de las experiencias. Utilizar el metamodelo es devolver la información que falta y así cambiar las creencias y el significado. La codificación de la realidad en nuestra mente se rige por lo siguiente

Eliminación

Eliminar dimensiones en las experiencias para afinar lo necesario para hacer la experiencia más manejable o tangible y estos son los bits que consideramos poco importantes para ese momento.

Supresión simple (sustantivos, relaciones y adjetivos no especificados)

"Es hora de que te enfrentes a la realidad" Esto se puede cuestionar desafiando las violaciones. ¿Qué realidad? ¿Quién lo dice exactamente? ¿Qué momento es ese?

Comparaciones

"¡Eres el peor conductor que he conocido!"

¿Porque te están comparando con una entidad invisible? Devuélvelo desafiándolo "¿Con qué conductores me estás comparando?"

Verbos no especificados

"¡No me obligues a llamar a la policía!"

Devuelve la supresión desafiándole "¿Cómo te estoy obligando a hacer eso exactamente?"

Índices referenciales no especificados

"¡La gente te odia!"

El borrado era la gente. "¿Quiénes son exactamente esas personas que dices que me odian?"

Perfiles perdidos

"Parece que no perteneces a este lugar"

El que hace el juicio de valor se borra. Devuélvelo desafiando" ¿Quién cree que no pertenezco?"

Distorsión

Convulsionamos arbitrariamente la interpretación de la realidad distorsionando el significado o los propios hechos.

Presupuestos

"Después de traerme el té, por favor traiga la revista después".

Se presupone que el que recibe la orden cumplirá con la petición, y que el interlocutor (yo) quiere té, que lo beberé, que no soy analfabeto y tengo tiempo para leerlo, etc. Cada una de las presuposiciones puede ser cuestionada.

Causa-Efecto

"¡Mira lo que me has hecho hacer!"

El interlocutor ha establecido una relación de causa y efecto según la cual mis acciones le hicieron hacer algo.

Desafíalo diciendo: "¿Qué hiciste exactamente y cómo logré hacerlo?".

Lectura mental

"¡Sólo tratas de hacerme parecer tonto!"

El interlocutor asume que sabe lo que estamos pensando. Desafíalo preguntando específicamente cómo es capaz de leer nuestras intenciones.

Nominalizaciones

Verbos o acciones congelados y convertidos en cosas o eventos "Odio su forma de cantar"

Aclare la nominalización "descongelándola". "¿Qué partes de su canto odias? ¿La entrega? ¿La dicción? ¿Estilo? ¿la voz? "

Equivalencias complejas

"¿Por qué no comes? Odias mi cocina, ¿verdad?"

El hablante pone una afirmación para significar otra cosa. Puedes desafiar esto desentrañando o cuestionando cómo el no comer NO es igual a odiar su cocina.

Violaciones de restricciones selectivas

"Tienes la personalidad de un tronco"

Atribuir propiedades o valores a una entidad que no posee esa modalidad, como un muñón es un no vivo por lo tanto no tendrá personalidad.

Generalización

La generalización es un atajo que la gente tiende a hacer para categorizar las cosas y los eventos para que tengan un significado o verdades universales. Esta es una de las cosas que causa o instala creencias y personas.

Universales

"Siempre llevas esa camisa" "¡Todos los hombres son unos cerdos!"

Fácilmente rebatible al hacer agujeros en el "siempre" y citar ejemplos para que esa afirmación no sea cierta.

"Tu cura, ¿también era promiscuo?"

Operadores modales

Puede y no puede (posibilidades), debería y no debería (juicios), podría y no podría (contingencias), debe y no debe (necesidades)

"No deberías ponerte ese vestido"

"No puedes volver a casa sin traerme Pizza" "No querría que te sintieras triste"

"No debes salir con menos de 50 dólares en el bolsillo"

Desafía señalando si la petición o afirmación no se cumple, preguntando lo contrario.

¿Qué pasa si puede, debería, actuaría?

Anclaje de su camino a un estado mental de éxito

Los anclajes de PNL son uno de los componentes más incomprendidos y quizás sobrevalorados en el mundo de la Programación Neurolingüística. La confusión radica en los estados de nivel superior o estados de intensidad 9 y 10, por lo que la gente espera que el disparo de un ancla genere automáticamente esos mismos estados de gran alcance sin el esfuerzo consciente, piensan que funciona en el piloto automático puro, que no es el caso.

Anclaje

Las emociones y los estados de menor intensidad pueden ser anclados con éxito y pueden funcionar automáticamente cuando se dispara el ancla. Esto no quiere decir que las emociones fuertes no puedan ser ancladas, de hecho pueden serlo pero requieren asistencia y esfuerzo consciente.

Ejemplos de intensidad 9s y 10s son el éxtasis, la ansiedad, la hiper-excitación (¡como si acabaras de ganar la lotería!) Sin embargo, siendo realistas, estos requieren una tremenda energía ya que necesitan ser asistidos manualmente. Al tratar de anclar los estados fuertes, todavía puedes obtener una versión o sensación atenuada y desde allí intensificarla manualmente a través del pensamiento consciente.

Date cuenta de que estos estados intensos no necesitan ser anclados en un solo lugar. Puedes fabricar diferentes anclas para diferentes estados y como si se tratara de una maquinaria en funcionamiento, la mezcla y el disparo de estas anclas activarán estos estados especiales de diseño.

Anclajes estáticos y dinámicos

Las anclas estáticas, siguiendo la metáfora de la maquinaria, son botones que se pulsan para activar los estados deseados. Las anclas dinámicas son como los paneles del ecualizador estéreo o las perillas de volumen; también se conocen como anclas deslizantes.

Para los estados intensos, se recomiendan los anclajes deslizantes porque se puede calibrar la intensidad, tanto más alta como más baja, para alcanzar los estados deseados.

Otro cuerpo de conocimiento llamado DHE o Ingeniería Humana de Diseño se basa en gran medida en estos anclajes dinámicos o deslizantes, pero eso es otro tema completamente.

Proceso de creación de anclajes

Para establecer correctamente un anclaje estático, tienes que alcanzar el pico de ese estado y en su pendiente ascendente el 90% del camino para crear el anclaje. Hazlo repetidamente con tantos canales sensoriales como sea posible simultáneamente para crear conexiones neuronales más fuertes.

Digamos que quieres anclar el estado en el que tienes éxito, la cima del mundo, el magnate multimillonario lo conquista todo, o bien recuerdas un momento en el que te hayas sentido así (o simplemente lo imaginas y creas ese estado en el momento), justo cuando estás a punto de llegar al pico, presiona el pulgar muy fuerte mientras vas gritando en tu cabeza "izavum!".

Haga esto mientras visualiza un símbolo o persona que sea para usted la personificación del éxito, por ejemplo, Donald Trump. Puede reforzar el anclaje aún más empleando los canales del olor y el sabor, por ejemplo, un perfume y una menta cuando lo fije.

El truco para crear anclas fuertes y duraderas es el entrenamiento repetitivo y el reentrenamiento. Una vez que hayas anclado el estado, rompe el estado de inmediato pensando deliberadamente en otra cosa, como un simple cálculo matemático en tu cabeza o lo que te apetezca, y repite el proceso de anclaje.

Si decides ir por la ruta del anclaje dinámico o deslizante, puedes elegir cualquier lugar, por ejemplo tu arte izquierdo, entrar en el estado deseado y programarlo para que se intensifique cuando lo subas y disminuya las sensaciones cuando lo bajes.

A diferencia de los anclajes estáticos, que son simples botones de encendido y apagado, estos son dispositivos analógicos como los interruptores de las luces o los mandos de volumen en los que se programa la intensidad y la debilidad de los estados. Los anclajes deslizantes son mejores que los estáticos para los sentimientos de mayor intensidad.

Alcanzar el éxito a través del modelado de la PNL

El cuerpo de conocimiento que es la PNL surgió al modelar a personas exitosas en sus respectivos campos. Las herramientas descubiertas al modelar a estos expertos se han convertido en las propias herramientas para ampliar los complicados procesos de modelado.

El éxito

Lo que separa a los fundadores Richard Bandler y John Grinder de los típicos investigadores es que identificaron las estructuras y los procesos internos (más inconscientes para los propios modelos) en contraposición a las habilidades técnicas (enfoque de otros investigadores), para llegar a la salsa especial por así decirlo, que hace que estas personas sean ejemplares.

El problema inherente a estos expertos es que atribuyen erróneamente su éxito a sus habilidades externas en lugar de a sus metodologías de juego interno. El objetivo del modelado es identificar estas estructuras invisibles, analizarlas y crear un modelo que pueda enseñarse y reproducirse.

Para practicar con éxito una disciplina, por no hablar de sobresalir en ella, hay que poseer la formación y la experiencia necesarias. La limitación del modelado es que no se puede enseñar a un profano a convertirse en un As (piloto de caza de primera) simplemente transfiriendo los procesos internos del modelo, excepto si el sujeto tiene la competencia básica para ser razonablemente bueno (pero no excepcional) como piloto de avión.

A la inversa, las estructuras que se pueden extraer de un buen modelo pueden transferirse a otra persona no necesariamente del mismo ámbito. Modelar un piloto de As, puede traducirse bien a un piloto de carreras, a un policía incluso a un jugador de baloncesto dependiendo de los conjuntos de rasgos que se hayan modelado.

Las 3 fases del modelado.

Observación

Esto implica la observación aguda del modelo y la agudeza sensorial para observar el proceso interno que ocurre en el sujeto. Aquí es donde otras herramientas de la PNL son cruciales.

La culminación de todas las técnicas de PNL conocidas para diseccionar y desglosar con precisión las distintas partes, las metacogniciones y los procesos, los valores personales, los autoconceptos, las creencias, las capacidades, los impulsores, etc. Se trata de un proceso interactivo en el que son necesarias elicitaciones de información precisas para extraer todos los datos útiles posibles.

Factores clave del éxito del modelo (la salsa especial)

Sólo hay unos pocos componentes que hacen que los mejores profesionales actúen como lo hacen, el reto es determinar cuáles de esos factores contribuyen realmente a la genialidad del modelo.

Por ejemplo, si un médico (el modelo) tiene un rendimiento excepcional y resulta ser a la vez médico de combate y excepcional en matemáticas y licenciado en ingeniería.

¿Es el coeficiente intelectual del modelo en matemáticas lo que le permite atacar el problema médico con facilidad, o se debe a su experiencia en el campo de batalla como médico de combate, que le da la mentalidad de "sobrevivir a toda costa", racionalizando los protocolos de tratamiento personalizados que necesitaba para salvar vidas en la zona de guerra? O posiblemente, no sea ninguna de las dos cosas. Tal vez sea la intuición del médico la que le permite una mayor visión sobre los médicos normales que le permite tratar a los pacientes de forma más expeditiva y con menor mortalidad. Todos estos datos se recopilarían, se analizarían y se filtraría el ruido para luego comprobar los resultados.

Metodología en la transferencia del modelo

Una vez recogidos los datos, incluida la secuencia de los procesos internos del modelo, el modelo creado tendría que ser transferible y enseñable.

No se espera que funcione exactamente igual que el sujeto-modelo debido a las variaciones no contabilizadas, la personalidad y la singularidad de la situación, etc.; sin embargo, una cantidad considerable de los procesos y resultados únicos del sujeto-modelo debería ser transferible y replicable, para determinar si el modelo es un éxito.

Técnicas efectivas de reencuadre en PNL

Los marcos de la Programación Neurolingüística son posiblemente uno de los conceptos más importantes, si no la idea más importante en el cuerpo de conocimientos llamado PNL. Hay un viejo adagio que se inculca a todos los practicantes de PNL: "El mapa no es el territorio". Esto significa que nuestra percepción de la realidad no es la realidad misma.

Todo lo que experimentamos en la vida es subjetivo, siempre hay significados adjuntos de los que la gente no es consciente. La gente vive y compra la Matrix, como si el mapa fuera real, sin darse cuenta de que están viendo la realidad a través de interpretaciones o marcos. En pocas palabras, los marcos son lo que da sentido y contexto a los sucesos y acontecimientos de la vida. Tener la capacidad de reconocer y salirse del marco, y verlo como lo que es, ¡es bastante poderoso! Afloja el control de la falsa realidad.

Sin marcos, los seres humanos sólo vivirán en el presente y experimentarán la vida, al igual que los animales, sin nociones preconcebidas de pasado y futuro, relaciones y significado. Todo se convierte en un acontecimiento aislado, desconectado de todo. Los marcos son una necesidad de la existencia. Y aquellos que saben cómo controlarlo conscientemente, pueden controlar la percepción de los demás de lo que consideran la realidad.

El que controla el marco controla el juego

Supongamos que no podemos controlar los acontecimientos que se desarrollan en una situación determinada. Sin embargo, al tener un control limitado o nulo de los acontecimientos, podemos afectar a la experiencia de los mismos. Cambiar el significado es cambiar la realidad misma. La fibra misma de la realidad percibida.

Se puede replantear cualquier parte de la experiencia y la construcción mental de un individuo, ya sean sus creencias, su identidad o su autoconcepto, sus valores personales, sus acciones, sus capacidades, etc.

Hay un número infinito de marcos que puedes diseñar a medida (para los patrones de PNL establecidos, por favor, consulta Mindlines o Sleight of Mouth Patterns), pero para simplificar es útil plantear el problema para el trabajo de reencuadre como X es igual a Y (equivalencia compleja) o X causa Y (Causa y Efecto).

Digamos que el enunciado del problema es "Soy estúpido(x), por eso no puedo conseguir un ascenso(y)" Puedes verlo de una manera de Causa y Efecto o de Equivalencia Compleja y reencuadrarlo en consecuencia.

Mi estupidez CAUSA que no me asciendan

No ser promovido es sinónimo de mi estupidez.

Ahora que vemos el problema con claridad, podemos trabajar para cambiar el significado. Puedes cambiar X, Y o ambos.

Juguemos primero con X (estupidez):

Estoy sobrecualificado(x) por eso no puedo ascender.

No estoy hecho para esta ocupación(x) y por eso no puedo ascender.

Juguemos con Y (no puedo ascender):

Soy estúpido, por eso me quedo en este trabajo sin futuro(y).

Soy estúpido, por eso no estoy maximizando mi verdadero potencial y buscando un trabajo en el que se utilicen mis talentos(y).

En la práctica no queremos utilizar ninguna descripción de identidad negativa como "mi estupidez", así que tendríamos que reformularla y el resultado.

Estoy sobrecualificado e infrautilizado(x), por lo que este trabajo no se ajusta a mis talentos, por lo que no puedo ascender(y).

El reencuadre anterior anula cualquier negatividad y golpe de autoestima en el sujeto, por lo que ahora se siente más empoderado o tiene más confianza, simplemente cambiando tanto las X como las Y.

Además, también puedes reencuadrar el mundo en sí mismo sin tocar las X y las Y.

¿Poner a ese empleado inseguro en un mundo en el que hay una depresión y no hay oportunidades de trabajo? Cambiará instantáneamente su significado.

"Soy estúpido, por eso no puedo ascender", en un mundo donde el 70% de la población no tiene trabajo.

El poder de las técnicas de persuasión de la PNL

La persuasión es muy importante para cualquier área que sea, ya sea para los negocios, el marketing, la redacción, las ventas e incluso la seducción. Simplemente no puede permitirse no aprender cómo funciona realmente la mente basándose en los paradigmas de la PNL.

Con todas las herramientas a tu disposición, tienes la tecnología de persuasión más elegante y sofisticada que el dinero puede comprar. De hecho, muchos de los gurús de la persuasión que pregonan sus propios sistemas han tenido al menos una formación básica en PNL.

¿Conoce la plétora de dispositivos disponibles que pueden golpear el mecanismo interno de los sujetos? ¡Es casi una trampa! Un conocido gurú de la persuasión cree que "el tiempo es la única consideración para un verdadero persuasor". Estos dispositivos de persuasión son de gran alcance y eficaces.

La PNL como enmarcador y modificador de la realidad

Permite controlar los marcos o significados de los acontecimientos y situaciones que se producen en la vida real. Quien controla el marco controla el juego y no hay otra herramienta capaz de manipular estos marcos implícitos y explícitos que existen en esa interacción o en el producto o servicio que se ofrece.

La PNL como máquina de rayos X de sus mentes

La profunda percepción que obtiene un practicante al aprender a observar y dar significado a los niveles de comunicación, ya sea verbal o no verbal, permite al operador de PNL ver virtualmente cómo el sujeto y su programación mental están procesando el mundo y la interacción.

El conjunto de habilidades de la PNL, por sí mismo, sin esfuerzo consciente para usarlo para leer a un individuo, sólo tiene naturalmente un agudo sentido de la intuición de cómo la persona está sintiendo o lo que podría estar pensando y hacia dónde está tratando de ir.

PNL Deep Rapport and Trust Builder

Una tecnología inherente al sistema permite al persuasor aportar rápida y fácilmente empatía a través del ritmo y la conducción. Un operador competente puede demostrar fácilmente la comprensión de la realidad del sujeto, es capaz de agarrar fácilmente al sujeto de la mano con una resistencia mínima y llevarlo a un lugar al que quiere que vaya.

PNL usado en Jujitsu Verbal

Un gran beneficio de estar involucrado en este material es su facilidad para maniobrar conversaciones con una efectividad ejemplar. Richard Bandler llama a esto el estado de insultabilidad, donde usted tiene la habilidad de entrar y salir de cualquier obstáculo verbal y dominar cada vez. Incluso puede convertirte en un buen polemista y, por tanto, en un persuasor poderoso o eficaz.

PNL en la modelización de la excelencia

El objetivo más básico, aunque más elevado, de esta disciplina es ser capaz de captar la excelencia dondequiera que esté. Destilar todos esos datos para llegar a un modelo de trabajo que pueda ser replicado y enseñado a otros individuos que quieran alcanzar casi los mismos niveles de rendimiento del sujeto modelado.

PNL como instalador de ideas, sentimientos e imágenes

Este sistema le permite, con o sin la cooperación de los prospectos, instalar prácticamente cualquier cosa en sus cabezas. Ya sean imágenes, sonidos, sensaciones, emociones e incluso borrar cualquier influencia negativa en la mente del prospecto que impida que la persuasión vaya a su favor. Aunque pueda parecer frío y poco ético. La tecnología es moralmente neutra y es prerrogativa del profesional cómo quiere utilizarla a su antojo.

Reencuadre su mente hacia el éxito

Según el gurú de la autoayuda y los negocios T. Harv Eker, en su exitoso libro La mente millonaria, "la forma en que estás programado determina tu eventual éxito o fracaso en la vida".

Además, afirma que puede predecir si una persona tendrá éxito basándose en una breve entrevista con ella. ¡Tal es el poder de tener la mentalidad correcta!

Aprender o dominar las herramientas del oficio (los "cómos") sólo puede llevarte hasta cierto punto, ya que finalmente hay que pulir tu juego interior para maximizar tu potencial y evitar los fracasos.

Aparte de los factores de éxito, las personas han acumulado, a través de malos hábitos, negatividad de la educación social y familiar o mentalidades poco útiles que obstaculizan incluso sabotean el éxito. Mediante la manipulación consciente de estas fuerzas internas, una persona puede programar su mente para el éxito.

La mayoría de los hechos, pero no todos, pueden reformularse para que tengan algún significado, y la capacidad de alterar el significado es lo que da poder y crea creencias positivas. Las creencias se encuentran en la parte superior de los niveles lógicos que rigen la identidad, las capacidades y los comportamientos. Lo que crees se convierte en tu realidad, y el reencuadre permite que esto sea posible.

Pistas sobre posibles áreas para reencuadrar los miedos

Todo el mundo los tiene: conscientes e inconscientes. Hay que trabajar con todos estos miedos y eliminarlos uno a uno. Muchos miedos están ocultos en el inconsciente y puede ser necesario sacarlos para poder abordarlos directamente. Miedo al fracaso, miedo al éxito, miedo a emprender un gran proyecto, miedo a ir a por lo que realmente se quiere y muchos otros.

Sentido del merecimiento

Al principio, si se les pregunta qué desean, la mayoría dirá que quieren tener éxito en cualquier empresa en la que estén actualmente. Mira más a fondo y pregúntales si creen que se merecen el éxito. Algunos dirán que sí, otros lo negarán y darán razones por las que esos objetivos son imposibles de alcanzar, sabiendo muy bien que tienen las habilidades y experiencias necesarias para lograrlo.

En el fondo, no creen que merezcan tener éxito y cada factor individual debe ser tratado en consecuencia.

Autoimagen negativa

Al crecer, las influencias en la vida de una persona esculpen su autoimagen. Si esa persona proviene de un hogar abusivo, puede creer que está destinada a fracasar, que nada de lo que haga será lo suficientemente bueno. Incluso puede ser paranoico y tener problemas de confianza con las personas de su vida.

Visión de la vida

Mientras que muchos son optimistas y entusiastas con la vida, aceptando plenamente lo bueno y lo malo, otros pocos desafortunados creen realmente que el mundo va a por ellos. El universo conspira para hacerles sufrir de todas las formas imaginables. ¿Está el vaso medio lleno o medio vacío?

Al cambiar la perspectiva negativa por la positiva, el universo, como puedes empezar a notar, empieza a conspirar a tu favor. El principio de la sincronicidad, lo que es igual atrae a lo que es igual, atraes lo que eres, es el principio que gobierna esto.

Percepción de los obstáculos y desafíos

Los pocos privilegiados que están naturalmente programados para el éxito, piensan positivamente o naturalmente enmarcan estos supuestos problemas como desafíos de juego para triunfar, (como en una metáfora de un videojuego).

Disfrutan genuinamente desafiando sus habilidades para tener éxito a pesar de los obstáculos que el universo les lanza.

Misión y visión principales

Saber el QUÉ, saber el CÓMO pero no saber el PORQUÉ causa problemas profundos para muchos, ¡y no se dan cuenta de ello!

Sin él, el impulso para tener éxito se reduce al mínimo y no consigue centrar los distintos poderes y competencias del individuo en el cumplimiento de sus objetivos. Una persona sin el PORQUÉ no tiene la resistencia necesaria para ir más allá y desafiar las fuerzas que se interponen en su camino. Llegará a un sinfín de excusas para no seguir adelante. Una persona que ha encontrado su PORQUÉ hará lo que sea necesario para cumplir sus misiones en la vida.

Hay un número infinito de otras áreas en las que cualquiera puede trabajar para auto-materializar su vocación de vida. En general, identifique todo lo negativo y reformúlelo adecuadamente. Encuentre los aspectos positivos que le están sucediendo para fortalecerlo aún más. Trabaja en ambas cosas simultáneamente y estarás a leguas por delante del resto.

CAPÌTULO X

LENGUAJE CORPORAL

El lenguaje corporal es otra forma de comunicación sutil que se practica a menudo de forma consciente o inconsciente.

Este "lenguaje" está ganando rápidamente el interés de muchas personas. Aunque el lenguaje corporal es muy relevante, a veces puede interpretarse erróneamente, pero sigue siendo útil.

"No dejo que mi boca diga nada que mi cabeza no pueda soportar". Louis Armstrong

Desde los años 70, aprender a comunicarse mejor tiene mucho que ver con la comprensión del lenguaje corporal.

Julius Fast escribió un libro titulado "Body Language" en 1970. Hablaba de una nueva ciencia llamada Kinesics. Esto abrió el camino a más estudios y libros sobre el tema. Hoy en día, el término Lenguaje Corporal es muy común y se entiende como un elemento importante de la comunicación.

De hecho, los expertos en el campo de la comunicación sugieren que hay una regla que dice que el 7% del significado de lo que dice una persona proviene de sus palabras.

Curiosamente, el 38% se basa en el tono de su voz. El 55% del significado proviene del lenguaje corporal de la persona que habla.

Hay muchas formas de comunicación y a veces el lenguaje corporal de una persona puede indicar más cosas que la palabra hablada. Aprender a entender el lenguaje corporal puede ser muy beneficioso tanto en el ámbito laboral como en el personal. El lenguaje corporal revela los sentimientos personales y las reacciones a los sentimientos de los demás. Sin embargo, aún no se ha demostrado que sea una forma de ciencia y no es un indicador real de nada, ya que puede ser y es a menudo manipulado. La mayoría de las personas poderosas utilizan esta forma de la palabra no hablada para hacer juicios de valor que han demostrado ser una forma muy eficaz de obtener y dar información. Algunos sectores califican todos los movimientos del cuerpo como movimiento corporal, mientras que otros van más allá y dicen que incluso las técnicas de respiración entran en esta categoría.

Cuando se conoce a alguien por primera vez, a menudo resulta beneficioso poder leer sus señales de lenguaje corporal para evaluar a la persona o la situación. Sin embargo, de nuevo, puede que no sea la mejor manera de formarse una opinión porque, como se ha mencionado anteriormente, el lenguaje corporal puede ser manipulado. El arte del lenguaje corporal se intercambia e interpreta constantemente entre las personas en diferentes niveles de comunicación alternativa. Mientras una persona está ocupada leyendo el lenguaje corporal de aquellos con los que interactúa, al mismo tiempo también está leyendo el lenguaje corporal del individuo. Las personas que tienen el hábito de leer el lenguaje corporal siempre tienen la ventaja sobre cualquier situación, por lo que tener algún conocimiento sobre este tema sería bueno.

De hecho, la conclusión sigue siendo la misma. Si no conoces los fundamentos del lenguaje corporal, te estás perdiendo una valiosa herramienta para aprender a comunicarte mejor. Hablamos el lenguaje corporal en un nivel subliminal, sin darnos cuenta realmente de que nos estamos comunicando a través del lenguaje corporal.

1. La cara

La parte más expresiva de tu cuerpo es la cara. Cuando entras en una habitación, si te sientes nervioso, tu expresión puede hacerte parecer distante o antipático.

Sonreír a la sala es una forma segura de disipar las dudas de cualquier persona sobre tu accesibilidad. Sonreír nos hace parecer cálidos, abiertos y confiados.

2. Ojos

Dicen que los ojos son las ventanas del alma. Sin duda, dan pistas a la gente sobre lo que sentimos.

Una mirada directa hacia alguien puede mostrar interés; por el contrario, una mirada fija puede significar una intensa aversión. El escaso contacto visual puede mostrar que se es tímido.

3. Manos

¿Has observado alguna vez los gestos de las manos de alguien cuando está hablando? Los gestos abiertos de las manos tienden a hacer que una persona parezca abierta y honesta. Juntar las manos en un punto puede acentuar el punto que se está tratando.

Si se retuercen las manos o se mueven excesivamente los dedos y las manos, se delata el nerviosismo. Incluso puede hacer que alguien parezca deshonesto: ¿está tratando de ocultar algo?

4. Postura

Si te inclinas hacia alguien estás mostrando interés por esa persona. Si nos sentimos con poca confianza, tendemos a encorvar los hombros y mirar hacia abajo.

Los hombres y las mujeres utilizan un lenguaje corporal diferente. Por ejemplo, las mujeres se mantienen cerca, mantienen el contacto visual con la persona con la que hablan y utilizan gestos.

Los hombres se esfuerzan poco por mantener el contacto visual y no dependen del uso de gestos para comunicarse. Los hombres y las mujeres pueden aprender a comunicarse mejor observando las diferencias en el uso de su lenguaje corporal.

Entender las posturas positivas y negativas

Para poder leer con bastante precisión las distintas señales del lenguaje corporal, primero hay que tener un conocimiento básico de todas las posibles posturas y significados que conllevan y proyectan estas distintas poses.

Cuando el comportamiento de una persona personifica la confianza, el lenguaje corporal que se proyecta sería una marcha enérgica y erguida. Este movimiento transmite con éxito la imagen y la mentalidad de alguien centrado y seguro de sí mismo.

La clásica postura de las manos en las caderas y las piernas ligeramente separadas, típica de las personas que intentan dar una imagen de autoridad, en realidad se lee como si estuvieran preparadas para cualquier reacción externa y para posibles tendencias de agresión. También puede utilizarse como herramienta de intimidación.

Para los hombres, sentarse con las piernas ligeramente separadas indica confianza y un comportamiento muy relajado. Esta interpretación del lenguaje corporal también se aplica a sentarse con las manos entrelazadas detrás de la cabeza y las piernas cruzadas o estiradas.

La posición de las palmas de las manos abiertas muestra sinceridad, franqueza e inocencia, al igual que una leve sonrisa o las comisuras de la boca ligeramente dobladas. En cuanto a las señales negativas del lenguaje corporal, desgraciadamente hay muchas para elegir y bastante fáciles de ver e interpretar. Por ejemplo, sentarse con las piernas cruzadas y dar una ligera patada con el pie significa claramente aburrimiento, mientras que los brazos cruzados en el pecho hablan de la actitud defensiva de un individuo.

Caminar con las manos en los bolsillos y los hombros ligeramente encorvados, es un claro indicio de abatimiento. Tocarse o frotarse ligeramente la zona de la nariz es lo más comúnmente visto como rechazo, duda o mentira. Frotarse el ojo, lo cual es poco aconsejable, puede significar simplemente cansancio o sensación de sueño o tener un signo más profundo de duda e incredulidad. La ira y la frustración suelen mostrarse con las manos juntas detrás de la espalda y una posición rígida de la columna vertebral. A veces, la aprensión también se representa de esta manera.

Observe cómo reacciona la gente ante cierto lenguaje corporal

Estar atento a la lectura de las diversas señales no verbales que la gente emite constantemente en forma de lenguaje corporal es algo muy ventajoso. Afortunadamente no es tan difícil de hacer y algunas personas son incluso muy fáciles de leer ya que son muy abiertas y expresivas. Sin embargo, aprender a estar atentos a estos movimientos, a veces muy sutiles, requiere cierta práctica y comprensión. Las personas que no están en sintonía con su entorno tienen menos posibilidades de ser sensibles al lenguaje corporal. Ser consciente de las distintas reacciones corporales de forma intencionada y atenta permitirá comprender mejor a la persona o la situación. La mayoría de las reacciones pueden clasificarse cómodamente en dos categorías distintas.

La reacción positiva y la reacción negativa, aunque las interpretaciones no siempre son tan precisas como se piensa. Por ejemplo, el hecho de estar más cerca de otra persona podría interpretarse como que se siente cómoda y familiarizada con ella, mientras que la acción de alejarse podría percibirse como una actitud ligeramente distante o simplemente como que se siente menos cómoda o que no quiere fomentar una relación más estrecha.

Aunque todas las suposiciones son igualmente naturales, podrían ser totalmente erróneas por otras razones menos obvias, como por ejemplo que el perfume o la fragancia que utiliza un individuo es demasiado fuerte y, por tanto, bastante desconcertante.

Otra señal de lenguaje corporal con la que se suele interactuar es la apertura a ser abrazado o besado. Esta acción en particular muestra claramente la personalidad de la persona o su falta de ella. Al ser capaces de leer esto, los que están cerca pueden extender la acción o utilizar una forma más reservada de contacto corporal.

Cuando se trata de calibrar una situación o una nueva personalidad en un grupo de personas ya existente, las reacciones habladas o implícitas a través del lenguaje corporal son muy útiles. El lenguaje corporal del recién llegado también se va a reflejar en las reacciones correspondientes de los ya establecidos en el escenario particular.

Establezca una meta para la imagen que desea proyectar

La mayoría de las personas llegan a un punto en la vida en el que desean hacer un cambio completo para proyectar una nueva imagen. Después de ser la vieja imagen anticuada durante tanto tiempo y encontrar sólo un estilo de vida aburrido que se adapte a ella, la idea del cambio es más que bienvenida.

Para hacer este ejercicio de cambio de imagen en uno mismo tiene que haber un objetivo claro hacia el que trabajar. Esto es para asegurar que el ejercicio se complete hasta el final y con éxito. Algunas de las áreas que merece la pena explorar son el estilo personal, la elección de la ropa y las condiciones corporales personales, entre otras.

Cambiar el estilo personal de un individuo es casi siempre el primer objetivo a conseguir en un cambio de imagen general. El lenguaje corporal general habitual debe poder complementarse con el cambio o ajuste del estilo personal.

Tener un buen estilo personal acabará por traducirse en la capacidad de establecer un contacto visual seguro y, por tanto, de transmitir confianza en el lenguaje corporal. La vestimenta general de un individuo también está relacionada con la personalidad y el lenguaje corporal que practica. Las personas que prefieren ir vestidas de manera informal dan la impresión de ser fáciles de llevar cuando se combinan con el correspondiente lenguaje corporal de un comportamiento muy relajado.

Por el contrario, los que van siempre impecablemente vestidos tienen un lenguaje corporal más bien rígido. Si la idea es ser más profesional, la imagen correspondiente también debería proyectarlo. Para algunos, el hábito original de ir mal arreglado es una norma. Si se va a producir algún tipo de interacción con los demás, sobre todo de forma más amistosa, habrá que abordar la cuestión del aseo personal. Tener una imagen en mente da el resultado deseado, es realmente el primer paso a considerar y cambiar la conducta general del individuo a través de señales de lenguaje corporal nuevas y más apropiadas.

Practicar escenarios en el espejo

Hoy en día casi todo se toma al pie de la letra y, para la mayoría, esta forma de leer a la gente no sólo es beneficiosa sino que es bastante rápida. Sin embargo, el peligro es que se pueden leer interpretaciones erróneas y, por tanto, formarse una idea equivocada.

La vida es como un escenario y para llegar a cualquier parte todo el mundo debe jugar el juego de forma cooperativa. La mayoría de la gente tiene la costumbre de practicar algunas rutinas de lenguaje corporal frente a un espejo. Es una buena manera de ver lo que ven los demás y de hacer los cambios necesarios para asegurarse de que se transmiten los mensajes correctos a través del lenguaje corporal utilizado. Practicar escenas en el espejo también permite al individuo ganar la confianza necesaria en el encuentro propuesto para el que está practicando. Además, así se garantiza que los movimientos corporales y faciales reflejen los resultados deseados y no se malinterpreten.

A veces, la gente retrata sin querer lo contrario de lo que realmente quiere decir y esto puede causar problemas innecesarios para todas las partes implicadas. El lenguaje corporal es una forma sutil de transmitir el mensaje y, sin duda, hay que asegurarse de que el mensaje no se presupone o se presume.

Por lo tanto, al practicar las diferentes posturas y expresiones frente a un espejo, la mente puede difundir realmente lo que el ojo percibe.

Una vez que se domina la acción del lenguaje corporal y los contornos faciales deseados, el individuo podrá tener una nueva confianza al reproducirlo todo en el momento adecuado. Esta confianza es evidente porque el ojo de la mente ya ha estado al tanto de la confianza personificada mostrada por la imagen del espejo. También subconscientemente la persona se vuelve más consciente de la "nueva" imagen en lugar de la "vieja" imagen cuando realmente juega el papel practicado.

Entrena tu cuerpo para que reaccione positivamente

Como ya se ha establecido firmemente, el lenguaje corporal es una forma muy importante de comunicar sentimientos y reacciones al entorno. También se estableció previamente el hecho de que el lenguaje corporal también puede ser manipulado para una ventaja o circunstancias requeridas.

He aquí algunas áreas en las que se puede entrenar o manipular el cuerpo para que reaccione de una determinada manera con el fin de lograr los resultados deseados.

- Contacto visual: este es un aspecto importante que hay que dominar cuando se trata de personas. Asegurar un contacto visual constante permite asegurar al receptor que existe cierto nivel de interés en lo que se está discutiendo. El contacto visual, ya sea fingido o no, es algo que merece la pena aprender a ejercitar. También hace que el receptor se sienta más cómodo y confiado en la situación.

- La postura es otra posición corporal importante que dicta no sólo la sensación real de cansancio y de estar agotado, sino que también provoca físicamente que se manifiesten estos sentimientos. Esto se debe a que los hombros encorvados o caídos, así como las posturas encorvadas, contribuyen a inhibir una respiración buena y profunda. Esto, a su vez, dará la impresión de estar incómodo o nervioso.
- Utilizar las posiciones de la cabeza para dictar el mensaje de lenguaje corporal percibido es también otra forma eficaz de hacer que una situación sea cómoda o incómoda. Inclinar ligeramente la cabeza mientras se habla o se escucha implica un comportamiento amistoso, mientras que mantener la cabeza recta y alineada con la espalda y la columna vertebral implica seriedad e incluso molestia.
- El popular cruce de brazos indica claramente desaprobación desde el principio. Se suele hacer desde una posición autoritaria, lo que indica que todo el mundo debe retroceder y dejar espacio al individuo. Por otro lado, las manos que cuelgan sueltas o se mantienen detrás de la espalda implican que se tiene el control y que se es capaz de asumir cualquier cosa, lo cual es un buen lenguaje corporal a desarrollar para proyectar los efectos deseados.

Aprende a derribar el muro de alguien con posturas corporales positivas

A veces, cuando la comunicación verbal no funciona, hay que buscar otras alternativas para hacer llegar el mensaje de forma eficaz y rápida. Cada persona tiene sus propias formas de expresarse y quienes estén familiarizados con las señales del lenguaje corporal no tendrán problemas para interpretarlas. Para crear una situación cómoda o mejorar una situación incómoda, el uso de diferentes posiciones de lenguaje corporal puede ayudar. Estas diversas posiciones se utilizan para crear la diferencia deseada en la forma en que las personas reciben los mensajes implícitos, el estado de ánimo general del receptor o incluso para lograr un equilibrio en los que están alrededor.

Algunas de las posiciones corporales más practicadas y recomendadas que pueden ayudar a que los que están alrededor se sientan a gusto e incluso más felices son las siguientes:

- Sonreír: es muy raro que provoque una respuesta o reacción negativa. La mayoría de las personas cambian casi inmediatamente su reacción negativa por una positiva cuando se les ofrece una sonrisa. Sería difícil responder a una sonrisa con una dura reacción negativa.
- Una posición sentada segura es también otra forma de "sacudir" cualquier elemento negativo tanto en el individuo como en los que le rodean. Dando la impresión de estar relajado, pero con cierto grado de alerta, el individuo será capaz de desactivar

230

cualquier posible respuesta de los individuos encorvados. También anima a los que están alrededor a ser lo más enérgicos posible con la posición erguida.

- Al practicar momentos más lentos y precisos, el individuo también está creando una sensación de calma a su alrededor. Esto, a su vez, animará a los que están alrededor a estar igualmente tranquilos y relajados. Todo esto, cuando se pone en práctica con regularidad hasta que se convierte en algo bastante natural, hará que los que están alrededor también se vean afectados positivamente. Cuando se consigue esto, el porcentaje de enfrentamientos se reduce y se mantiene bajo control.

Comprender la importancia de la simetría

Lograr la simetría en la vida es un objetivo por el que vale la pena trabajar. En la vida todas las cosas deben tener algún tipo de equilibrio. Técnicamente, los patrones de simetría nos ayudan a organizar nuestros pequeños mundos individuales conceptualmente. Para el individuo más exigente técnicamente, la simetría se explica mejor como una ocurrencia en la naturaleza y las inversiones de los artistas, artesanos, músicos, coreógrafos y matemáticos. Para el individuo, sin embargo, se trata de algo más que de lograr un equilibrio.

La regla general de que en todas las cosas hay una acción y una reacción sería una forma más sencilla de explicar este término, que está implícito de forma demasiado simple. Ser capaz de reaccionar o provocar una determinada reacción es, de alguna manera, ejercer cierto control sobre el resultado de cualquier situación.

Si un individuo desea participar en un escenario en el que el resultado sea beneficioso para todos, entonces el lenguaje corporal relevante debe estar enfocado y específicamente sintonizado hacia dicho resultado. La respuesta al lenguaje corporal diferente practicado y planificado debe tener la intención de lograr cierto nivel de simetría en su entrega.

A veces, o quizás la mayoría de las veces, la simetría de cualquier situación necesita ser reajustada para obtener el reflejo pretendido o deseado. Si la reacción simétrica que se necesita y se desea es positiva, entonces el lenguaje corporal correspondiente debe hacerse de manera que se obtengan los mismos resultados positivos de reflexión. Enviando las señales corporales que personifican el aura positiva casi siempre se podrá lograr el resultado positivo que es simétrico por naturaleza. Lo mismo se aplicaría al lenguaje corporal generado de forma opuesta.

Técnicamente, el sistema simétrico puede dividirse en unas pocas partes distintas que son la simetría de rotación, la simetría de reflexión, la simetría de traslación y la simetría de reflexión de deslizamiento. Todas ellas pueden estar interrelacionadas y reflejarse en los distintos lenguajes corporales correspondientes.

Entender la importancia de coincidir con la otra persona

En todos los entornos, la mayoría de las personas se esfuerzan por ser complacientes y receptivas a las necesidades de los demás. Lamentablemente, esto se ha convertido poco a poco en un arte en extinción para practicar.

En los diversos escenarios agitados y centrados en uno mismo de hoy en día, la gente a veces pierde de vista que sus acciones individuales y sus patrones de habla no sólo les afectan a ellos mismos, sino que también afectan a los que les rodean. En algunos casos, las consecuencias son de tal alcance que a veces resulta difícil comprender cómo una acción o una palabra que se percibe como un pequeño gesto insignificante puede tener efectos monumentales.

El lenguaje corporal puede tener este inusual resultado reflexivo. Lo único importante que hay que tener en cuenta es que cualquier lenguaje corporal que se ejerza tendrá una u otra reacción. Por lo tanto, la idea que subyace a la práctica del control de los movimientos del lenguaje corporal debe ser siempre la de obtener los resultados previstos positivamente.

Crear una situación cómoda o incómoda, intencionadamente o no, es siempre la idea que hay detrás de intentar igualar a los demás a través del uso del lenguaje corporal.

Esta es una herramienta eficaz que a veces es mucho más efectiva que el uso del poder de la palabra hablada. Se ha dicho, ya sea en broma o en serio, que "las miradas pueden matar" o que "las acciones hablan más que las palabras". Aunque esto último no se refiere real o específicamente a las acciones reales, hay algunas connotaciones que pueden relacionarse con ello. Considerar siempre las acciones y las prácticas del lenguaje corporal sería ventajoso hasta cierto punto, ya que se trata de una herramienta muy eficaz para utilizar tanto en la vida personal como en la profesional de un individuo.

También en el ámbito social, el uso y la manipulación del lenguaje corporal para obtener la respuesta reflexiva deseada dependen en gran medida del estilo de ejecución de dicho lenguaje corporal.

Lo que se puede conseguir con el lenguaje corporal incorrecto

A menudo la gente no se da cuenta del impacto del lenguaje corporal y sus consecuencias en cualquier situación o escenario particular. La mayoría de la gente pasa el día sin que esta realidad salga a la luz. Sin embargo, para los más perspicaces, y para algunos, los más inteligentes, el uso intencionado del lenguaje corporal en la vida diaria ha demostrado ser una herramienta muy eficaz y beneficiosa.

Practicar para estar consciente y continuamente consciente de esta herramienta a veces muy efectiva es un arte que vale la pena explorar. Sin embargo, por otro lado, el uso incorrecto o subconsciente de la herramienta del lenguaje corporal puede traer resultados innecesarios y a veces molestos. El uso incorrecto del lenguaje corporal puede provocar reacciones y reflexiones que no son necesarias o deseadas, causando así un gran inconveniente tanto a la persona que demanda el lenguaje corporal como al receptor percibido. Esta mala interpretación puede acabar provocando reacciones casi opuestas a las deseadas.

Especialmente en las relaciones, cuando se ejerce y refleja un lenguaje corporal particularmente inocente, las consecuencias de dichas acciones pueden y a menudo se perciben erróneamente, lo que da lugar a un proceso muy complicado de intentar "enderezar" todo. También en los negocios, una percepción errónea de la herramienta del lenguaje corporal puede causar resultados muy perjudiciales. Por lo tanto, es prudente practicar para ser siempre consciente del lenguaje corporal que se implica y se practica. Esto es realmente necesario para evitar que se produzcan inconvenientes innecesarios. Hay muchos resultados positivos que se pueden obtener del uso practicado del lenguaje corporal positivo. Pero para entender y adquirir las habilidades para practicar conscientemente las tácticas de lenguaje corporal positivo, primero hay que tener un conocimiento básico de las expresiones y acciones reales implicadas. Al hacerlo, existe una buena posibilidad de evitar las consecuencias de las señales o acciones incorrectas del lenguaje corporal que se reflejan en el comportamiento de una persona, ya sea consciente o inconscientemente.

CAPÌTULO XI – HIPNOSIS E HIPNOTERAPIA

¿Qué es la hipnosis?

La hipnosis se refiere a la capacidad de cambiar los pensamientos y los patrones de comportamiento. Implica en gran medida la mente subconsciente humana. Los expertos en hipnosis suelen utilizar la hipnosis en el nivel subconsciente humano para desarrollar la autoestima, deshacerse de las adicciones, así como para ser capaz de hacer lo que él o ella piensa que no podía hacer. Por ejemplo, usted ha desarrollado una adicción a fumar y usted piensa y cree que no puede superarlo, entonces usted podría necesitar la hipnosis para que pueda desarrollar el otro lado de sus pensamientos y creencias positivamente.

En realidad, la hipnosis ha sido una gran ayuda para los individuos, especialmente aquellos que les resulta muy difícil desarrollar una cosa hacia ellos. Esto puede ser una gran manera para ellos para demostrar que todo en este mundo podría ser posible si usted quería hacer posible. Sin embargo, esto no es para implicar que un ser humano siempre debe confiar en la hipnosis si querían desarrollar algo hacia ellos mismos. La hipnosis es una gran alternativa en el desarrollo de cosas difíciles en el intelecto de uno, pero no significa que esto sea vital o siempre necesario en el desarrollo de algo positivo o negativo en el intelecto de uno.

El hecho es que la hipnosis puede ser una gran ayuda para el ser humano en el desarrollo de las cosas esenciales hacia su interés, por lo tanto, y no significa necesariamente que el ser humano tiene que usar esto todo el tiempo si querían desarrollar algo hacia sus propios seres. Sin embargo, hay varios factores que usted debe saber acerca de la hipnosis y estos incluyen los siguientes:

- La hipnosis debe lograrse con la ayuda de expertos o terapeutas profesionales. Si usted piensa que usted necesita esto para desarrollar o detener algo, entonces usted tiene que dar únicamente su confianza a los expertos. Nunca jamás considere ser hipnotizado por una persona que no sea experta en hipnotismo. Siempre ten en cuenta que implica tanto tu intelecto como todo tu ser. Por lo tanto, usted tiene que ser lo suficientemente cauteloso una vez que se considere el hipnotismo para resolver algunas cosas.

- Hay varias teorías que tratan de aclarar la hipnosis. Algunos miran su funcionamiento interno, y los otros tratan de buscar otras explicaciones para descartar su existencia. La aclaración más extendida sobre la hipnosis es que se centra en una palabra o persona concreta y tiene un efecto influyente en el intelecto kindle que lleva a una aparente rendición. De esta manera, el intelecto del ser humano puede enfocarse en gran medida para lograr lo que quería lograr por todos los medios.

- La hipnosis se utiliza ampliamente en los tiempos modernos de hoy en el tratamiento de una variedad de problemas, la adicción, por ejemplo. Es bastante difícil para casi todo el mundo para superar la adicción a menos que, por supuesto, tratar de rehabilitar a sí mismos. Esto también se puede utilizar en el desarrollo de la autoestima y puede ayudar en gran medida a mostrar su ser interior. Hay personas que no tienen el valor de mostrar o compartir su parte interior al público por varias razones como que les cuesta comunicarse con los demás o tienen creencias limitantes que les impiden mostrar a la gente lo que realmente son. Es decir, no tienen el valor de mostrar su talento, sus habilidades e incluso de compartir sus conocimientos porque se limitan a ser la persona que realmente no son.

En general, la hipnosis puede ser una gran ayuda, especialmente para las personas que no tienen suficientes agallas para salir de su caparazón para revelar y compartir sus talentos a los demás. Sin embargo, una vez que usted considere esta opción, entonces usted necesita para buscar primero para los expertos en este campo y asegúrese de que él o ella tiene licencia para practicar el hipnotismo. En estos casos, usted tiene que ser extra cauteloso ya que este es un proceso médico grave. En la medida de lo posible, usted necesita tener una investigación a fondo primero con respecto a esto antes de considerar tener el hipnotismo como su forma de desarrollar o detener algo.

La elección del hipnotismo depende profundamente de su preferencia. De hecho, usted nunca puede ser hipnotizado por cualquier persona, no importa cómo es experimentado un hipnotizador. El hipnotismo involucra la mente o el intelecto; por lo tanto, si usted cree y su intelecto está programado para no ser hipnotizado entonces seguramente no podría ser hipnotizado. El hipnotismo es poderoso pero aún así el intelecto y la voluntad de una persona son más poderosos. Solo imagina una persona enferma que se pone bien porque cree que lo hará.

Esto es igual que el hipnotismo, puedes ser hipnotizado si tu mente no está preparada para el proceso, pero si estás lo suficientemente preparado entonces no puedes. Este proceso también puede ser una gran manera de engañar a las personas que son inocentes al respecto, por lo tanto, si usted no sabe nada al respecto, entonces usted tiene que aprender los hechos esenciales al respecto ahora. Nunca te dejes engañar por las personas que utilizan su habilidad y conocimiento de hipnotismo para engañar a los individuos.

4 pasos para el éxito de la auto-hipnosis

Con un poco de práctica, la mayoría de la gente puede ser hipnotizada y puede utilizar la auto-hipnosis. La hipnosis nos permite experimentar pensamientos, fantasías e imágenes como si fueran casi reales.

La hipnoterapia es un instrumento principal para la relajación y el alivio de la ansiedad. Ayuda a tranquilizar tanto la mente como el cuerpo, proporcionando un útil "descanso". Sin embargo, puede ser bastante costoso contratar a un hipnoterapeuta clínico, y puede que no siempre deseemos tener uno cerca cuando queramos relajarnos y deshacernos del estrés. Esto no es un problema, ya que es posible hacer auto hipnosis, y hay maneras de aprender cómo lograr la auto hipnosis para los beneficios para usted y su negocio.

¿Te gustaría conocerte mejor y sentirte positivo y seguro de ti mismo? ¿Qué tan bueno sería ser un ganador, un líder y un rompedor? Imagínate ser la persona que quieres ser, vivir la vida que quieres vivir - la vida de tus ambiciones.

La autohipnosis se puede utilizar para reprogramar claramente la parte de su cerebro a la que nos referimos como su mente subconsciente. Esto, al final, le permite lograr sus resultados buscados de la vida y alcanzar el estilo de vida de sus sueños a medida que continúe a lo largo de su viaje de auto descubrimiento y desarrollo personal. Al alterar y desafiar sus creencias, usted comenzará a eliminar viejas e indeseables barreras que lo han retenido hasta ahora.

Usted puede aprender el arte de la auto-hipnosis de numerosas maneras. Puedes conseguir un libro o buscar la ayuda de tu hipnoterapeuta local, que debería estar más que feliz de instruirte y ayudarte a desarrollar esta nueva habilidad para que puedas usarla efectivamente. Algunos hipnoterapeutas también imparten cursos y seminarios para enseñar a la gente a autohipnotizarse; sin embargo, siempre pienso que es mejor investigar antes de ir a estos cursos y puedes hacerlo consiguiendo un buen libro y leyéndolo.

Todos tenemos bloqueos mentales que nos impiden alcanzar más éxito y riqueza de lo que creemos que somos capaces de lograr. Por ejemplo, piense por un segundo en la cantidad de riqueza que le gustaría ganar en el próximo año. Ahora bien, cualquier estimación que se te ocurra representa un bloqueo en sí mismo. ¿Por qué no soñaste con una cifra mayor?

La autohipnosis puede hacer bien a tu cuerpo... a tu mente... a tu cuerpo... y a tu negocio. Investiga tus opciones.

También desempeña un papel en la gestión del dolor y del estrés. Además, puede cambiar ciertos comportamientos, como el estudio y la concentración, ayudar a controlar la ira y la tristeza, aumentar la autoestima, reducir los malos hábitos, etc.

PASO UNO: Familiarícese con la autohipnosis y/o las imágenes mentales.

Conozca los fundamentos de la hipnosis, incluidas las técnicas y los pasos para inducir la autohipnosis. Luego, practique estas técnicas varias veces con un objetivo en mente; de lo que está tratando de lograr con este método. Lo mejor es pedir ayuda a un profesional con respecto a las cuestiones de autohipnosis.

SEGUNDO PASO: Prepara un método específico para inducir la autohipnosis.

Es posible que quiera ser hipnotizado por una persona entrenada primero; ellos pueden entonces enseñarle cómo hacer la auto-hipnosis. Puedes memorizar o grabar el proceso general de inducción en una cinta de audio y dar instrucciones a la persona. En primer lugar, busca un lugar tranquilo, pacífico y cómodo para el procedimiento relacionado. A continuación, imagine que todo su cuerpo se relaja. A continuación, en un momento de tranquilidad, puede reproducirse una grabación de autoinstrucciones de unos 3 minutos de duración. Dése tiempo para asimilarlas y luego salga lentamente de la hipnosis. Estírate un poco antes de seguir tu camino.

Tercer paso: Desarrollar instrucciones de auto-mejora para darse a sí mismo durante la hipnosis.

Las autoinstrucciones pueden reflejar una nueva actitud hacia los demás o hacia uno mismo, una forma diferente de pensar, etc. Las palabras utilizadas deben ser sencillas, pero empleadas repetidamente. Además, deben ser creíbles, deseables, usadas positivamente durante un tiempo específico y, lo más importante, proporcionar una imagen visual del resultado sugerido. Escriba sus propias instrucciones para cualquier cambio deseado, por ejemplo, si no está motivado en el trabajo o en la escuela, escriba autosugestiones sobre tener el impulso y la determinación para cambiar, ver la importancia de ese cambio y los maravillosos resultados posibles.

Cuarto paso: Prepárate y haz la experiencia a diario.

Busque un lugar tranquilo, privado y sin distracciones para realizar la sesión de 20 minutos. Tenga preparadas las autoinstrucciones. Realice toda la rutina tal y como la ha planificado. Desarrolla una rutina para que tengas la experiencia a la misma hora todos los días. Ten paciencia, se necesita tiempo para aprender cualquier habilidad nueva (úsala a diario durante al menos un mes). Mide tu progreso.

6 pasos para la hipnosis de reducción del estrés

Parte de un plan para la gestión del estrés puede incluir la hipnosis o la autohipnosis, como forma de reducir y eliminar los síntomas del estrés. Una persona bajo hipnosis experimenta un estado de trance que le permite entrar en los estados de conciencia "theta" o "delta".

Estos estados son el equivalente al sueño ligero o profundo, y permiten a la persona hipnotizada experimentar un "estado alterado" de conciencia.

La hipnosis puede ser eficaz para controlar el estrés, tanto si el estado de hipnosis es asistido por un hipnoterapeuta autorizado, como si el estado es inducido por la persona que entra en el estado de hipnosis.

Dado que muchas personas se sienten incómodas con la idea de ser hipnotizadas por otra persona, la autohipnosis se utiliza a menudo como parte de un plan de gestión del estrés. Para que la autohipnosis tenga lugar, el individuo debe estar en una posición cómoda y libre de distracciones externas. El individuo debe comenzar con algunas técnicas de relajación, como la respiración profunda, seguido por la liberación de cualquier tensión en los músculos, uno a la vez, comenzando con los pies y los dedos de los pies, y procediendo en todo el cuerpo.

Al entrar en un estado de autohipnosis, la persona simplemente permite que la mente subconsciente tome el control, mientras que la mente consciente entra en un estado "alterado" o "tranquilo" de ser.

Para que la autohipnosis sea efectiva, la mente consciente debe impartir un "propósito" o "intención" al subconsciente, antes de alcanzar el estado hipnótico real. También es importante establecer un límite de tiempo en el estado hipnótico, generalmente de 15 a 20 minutos. La mente subconsciente responderá a la sugestión y hará que el individuo regrese al estado normal de conciencia a la hora prescrita.

La hipnosis se puede utilizar para controlar el estrés de dos maneras:

- Utilizándola para entrar en un estado de profunda relajación, sin ninguna tensión. Esto evitará problemas de salud debidos al estrés crónico
- Utilizándola para conseguir varios cambios en el estilo de vida que reduzcan la cantidad de estrés que se encuentra en la vida. Esto incluye la superación de cualquier hábito negativo que hayas acumulado en tu vida; por ejemplo, fumar y comer compulsivamente.
-

Cada sesión debe durar unos 20 minutos en un entorno tranquilo y silencioso. Los pasos básicos para entrar en un estado profundo de relajación son los siguientes:

1. Encuentre un lugar tranquilo, sin distracciones, para llevar a cabo la sesión.

2. Ponte en una posición cómoda. A algunas personas les gusta la posición reclinada, a otras les gusta sentarse en una silla acogedora o con las piernas cruzadas. Experimenta y comprueba qué es lo más adecuado para ti. Intenta no quedarte dormido en esas posiciones.

3. Decide un objetivo para tu sesión, de lo que quieres conseguir de esta terapia. Debe ser creíble, deseable, utilizado positivamente durante un tiempo determinado y, sobre todo, proporcionar una imagen visual del resultado sugerido. Por ejemplo, utilice frases positivas como "Me estoy volviendo organizado y eficiente" en lugar de la frase negativa "Me estoy volviendo menos desordenado".

4. Comience a respirar profundamente, expandiendo el abdomen al inhalar en lugar de levantar los hombros. Imagina que estás inspirando "calma" y expulsando todo el estrés del día. Siente cómo el oxígeno se extiende desde el pecho a través de los brazos y las piernas hasta los dedos de las manos y los pies.

5. Elige un entorno relajante y tranquilo e imagina que te adentras cada vez más en él. Imagina que caminas por un largo pasillo, o que te adentras en el bosque, por ejemplo, dejando muy atrás tu actual entorno estresante.

6. Cuando esté completamente relajado y se sienta lejos de su vida habitual, comience a repetir la frase positiva que eligió para esta sesión. Puede elegir visualizar las palabras, concentrarse en su sonido en su cabeza o visualizar el resultado final.

Poder de la autohipnosis

Comencemos a usar la hipnosis - en ti mismo primero. La autohipnosis puede ser una experiencia relajante y tranquilizadora, que te ayuda a relajarte y a aliviar tus tensiones. Es una forma de meditación que te permite conversar contigo mismo. Es una forma de desestresarse y dejar de lado las preocupaciones por un tiempo.

En una visión a corto plazo, la autohipnosis puede ayudarte a mejorar tu umbral de aprendizaje, agudizar tu memoria y estar alerta durante una semana de exámenes o una presentación importante en el trabajo. Puede llevarle de la mano cuando se dispone a afrontar una situación emocionalmente agotadora. Puede ayudarte a despejar el desorden de tu mente después de una agenda llena.

Si se realiza con regularidad durante un periodo de tiempo prolongado, la autohipnosis acaba convirtiéndose en tu modo de vida: un tiempo regular y exclusivo para ti. Puede llevarte a una mayor comprensión de ti mismo y de los demás. También puede cambiar la forma en que lleva su vida, toma sus decisiones o maneja sus relaciones.

La autohipnosis te permite parar y respirar profundamente. A veces, cosas tan básicas como éstas se descuidan en nuestra carrera diaria. Los pasos de los hipnoterapeutas profesionales pueden parecer muy sencillos al principio. En resumen, sólo dice que te organices, encuentres un lugar perfecto y todo lo demás vendrá por añadidura. Pero una vez que se nos encomienda hacerlo, a algunos de nosotros nos puede resultar muy difícil el paso aparentemente sencillo de quedarnos quietos (estar quietos durante un rato). En nuestra cultura de la multitarea y la falta de atención, quedarse quieto y no hacer nada parece una tarea en sí misma. Pero una vez que te pones a ello y lo haces de verdad, el resto acabará llegando.

Probemos algunas sesiones de Hipnosis en Casa, basadas en algunos de los elementos necesarios para una sesión de hipnosis efectiva, según aconsejan los expertos.

Tiempo de espera

Si vives con otras personas, escoge un horario en el que haya menos actividades: puede que tus compañeros de casa estén fuera, en el trabajo o en la escuela, o que todos estén durmiendo. Si vives solo, hazlo cuando menos esperes que la gente se pase por allí, te llame o te envíe mensajes. Mejor aún, pon los teléfonos en espera primero y cuelga un cartel de "No molestar" o "Silencio, por favor" en la puerta.

Una habitación propia

Busca un lugar tranquilo, alejado del bullicio de la casa. Asegúrate de que el lugar es relajante y propicio para tu actividad. Baja las luces o enciende unas velas.

Ajusta la temperatura de la habitación según tus preferencias. Enciende un poco de incienso si puedes. Siéntate o reclínate en un lugar cómodo. Rodéate de almohadas y cojines. Asegúrate de que te sientes bien, aunque vayas a estar en esa posición durante bastante tiempo.

Enciéndelo

En las películas, como en la vida real, la música ambienta cualquier tipo de escena. Pon música relajante en el reproductor. La música relajante puede significar cosas diferentes para cada persona. Depende de las preferencias musicales: el metal duro puede parecer "reconfortante" para alguien (quizá le recuerde al instituto), pero no es apropiado para la sesión de autohipnosis que tenemos en mente. Pruebe esto: ponga la música y sienta los latidos de su corazón. Si promueve o mantiene un ritmo relajado y constante, entonces es bueno. Los sonidos de la naturaleza pueden ser eficaces: el silbido del viento, el sonido de las campanas, el susurro de las hojas y el suave gorgoteo de un arroyo. Si tienes una pequeña fuente de escritorio, colócala cerca de ti. Recuerda que el sonido del agua siempre es relajante.

Un olor a memoria

Dicen que nuestros nervios olfativos son los primeros que se desarrollan cuando nacemos y los últimos que nos acompañan cuando morimos. El trabajo de un Premio Nobel de la Paz analiza cómo nuestro sentido del olfato desempeña una parte muy vital y crítica de nuestros recuerdos. El trabajo revela lo mucho que recordamos sólo por el recuerdo de ciertos olores, y cómo ese rasgo ha ayudado a la supervivencia y el desarrollo humanos desde entonces.

¿Se ha dado cuenta alguna vez de que el olor de ciertas cosas nos afecta emocionalmente más que cualquier otro sentido? Los olores pueden mejorar o cambiar nuestro estado de ánimo, transportarnos al pasado o hacernos recordar a esa persona especial. Las madres tienen quizás el sentido del olfato más agudo de todos: las pruebas demuestran que pueden identificar a sus hijos, incluso a los adultos, por sus olores particulares.

A la inversa, podemos aumentar nuestra relajación con sólo dar rienda suelta a nuestro sentido del olfato.

Antes de la sesión, puede darse un baño y lavarse el pelo con jabón y champú de delicioso olor. Puede enjabonarse el cuerpo con aceite de aromaterapia. Quemar velas o aceites perfumados. Encienda un poco de incienso. Sin duda, su cuerpo y su mente reaccionarán agradablemente a estos caprichos. En el caso de que tu sesión de hipnosis no funcione, al menos acabarás oliendo y sintiéndote bien.

Sentirlo

Así como algunos de nosotros podemos tener un agudo sentido del olfato - algunas personas son cinestésicas, o responden inmensamente al sentido del tacto. Les gusta que les toquen y que toquen a otras personas. Les gusta sentir el tacto de un buen tejido suave sobre su piel. Quieren pasar los dedos por una superficie rugosa e interesante. Suelen abrazar a la gente o acariciarles la espalda, y a cambio quieren que se lo hagan a ellos mismos.

Si usted es una de esas personas, aproveche para aumentar su relajación. Rodéate de cojines suaves. Observe el tacto de las sábanas de seda. Ponte tu ropa más suave y cómoda. Ponte una loción hidratante en la piel y siente cómo se suavizan los bordes de tus dedos. Siente el aire que sopla y toca tu piel y tu pelo.

Las palabras son todo lo que tengo

El poder de la hipnosis, como hemos aprendido, proviene del poder de la sugestión. Una sugestión exitosa requiere encontrar las palabras adecuadas, decirlas de la manera correcta y en el momento adecuado. Hay que ser totalmente convincente, pero no suplicante. Firme, pero no insistente. Calmante, pero no débil. Por supuesto, mucho de esto depende del material, de lo que se diga.

Inducción de autohipnosis

A continuación, se muestra un ejemplo de una perorata de autohipnosis. Este método ayuda a relajar todo el cuerpo y se deshace del estrés. Al tener un cuerpo muy relajado, puedes mejorar tremendamente tu vida en todos los aspectos - físicamente, mentalmente, emocionalmente y espiritualmente.

Esta inducción de autohipnosis sugiere que se grabe la narración y se reproduzca durante la sesión, de acuerdo con todo el proceso de la terapia. En esta sesión, se indica a los sujetos que mantengan los ojos abiertos inicialmente, observando la llama parpadeante de una vela.

Encienda una vela y colóquela frente a usted, donde pueda ver la llama en un ángulo conveniente.

Busque una posición cómoda para sentarse. Rodéate de almohadas y mantas si es necesario.

La suave luz de la llama: observa cómo baila y se balancea lentamente, lánguidamente, pacíficamente, como te sientes ahora. (Pausa)

Inhala, exhala. Respira por la nariz y expulsa débilmente algo de aire por la boca ligeramente abierta. (Pausa)

Inhala, exhala. (Pausa)

Repite. Inspirar, espirar. Inspirar y espirar. (Pausa)

Respire y tome el maravilloso aire en sus saludables

pulmones. Sienta que se llena de aire dulce y limpio. (Pausa)

Exhala y expulsa toda la tensión de tu cuerpo. (Pausa)

Respira. Relájate. Tan relajado y tan lánguido como la llama que parpadea ante ti. (Pausa)

La llama es suave. Su luz es amarilla, como las estrellas, como cuando duermes. La llama te calienta los ojos. Sientes que se cierran lentamente. (Pausa)

Tus ojos están cansados, muy cargados. Sientes que todos los nervios del interior de tus ojos palpitan. Quieres cerrar los ojos con fuerza. (Pausa)

Tus ojos todavía están calientes. Sientes que el calor de la llama los rodea. De hecho, incluso con los ojos cerrados, puedes ver claramente la llama bailando ante ti. (Pausa)

Inhalas y exhalas. Cuanto más respiras, más relajado te sientes, muy profundamente ahora. (Pausa)

El calor se extiende de los ojos a la cara. Sientes calor en todo el cuerpo. (Pausa)

Sientes que tu frente brilla. Una luz, luminosa y brillante, brilla en tu frente. (Pausa)

La luz cálida y suave se extiende por tu cara. Tu rostro se relaja. Te relajas cada vez más profundamente. (Pausa)

Mientras inhalas y exhalas, te sientes más relajado que nunca. (Pausa)

Respiras y sientes que tu pecho se llena de aire. Un aire cálido. La luz de tu cara se extiende a tu cuello hasta el pecho. (Pausa)

Respira profundamente ahora. La luz cálida y suave hace que tu cuerpo esté relajado, tan relajado como tu cara. (Pausa)

La luz cálida, suave y relajante se extiende a tus brazos, a tus manos, a las puntas de tus dedos. Ahora se sienten tan relajados. (Pausa)

La luz cálida, suave y relajante se extiende a tu estómago, a tu cintura y a tus caderas. Ahora se sienten tan relajadas. (Pausa)

La luz cálida, suave y relajante se extiende hasta la espalda. Tu espalda se siente tan relajada ahora. (Pausa)

Respira lenta y profundamente, inhalando y exhalando. Ahora, más que nunca, te sientes muy relajado. (Pausa)

La luz cálida, suave y relajante se extiende hasta los muslos, hasta las piernas. Ahora las sientes tan relajadas. Todo el peso que se ha puesto sobre ellas se siente poco a poco. (Pausa)

Te sientes tan relajado. Cada músculo, cada tejido de tu cuerpo se siente tan bien. Te sientes tan tranquilo. (Pausa)

Inhalas y exhalas. Te sumerges más y más en la relajación. (Pausa)

La luz cálida, suave y relajante se extiende hasta los pies, hasta la punta de los dedos. Ahora se sienten tan relajados. Todo el peso que se ha puesto sobre ellos se siente poco a poco. (Pausa)

Ahora visualízate de pie en la hierba más suave y verde en la que hayas puesto los pies. Tus pies se sienten cálidos y suaves. (Pausa)

Ahora estás en un campo abierto. El sol brilla cálidamente, muy amigable con usted. (Pausa)

Un viento fresco recorre tu pelo, tu cara y tu cuerpo. Atraviesa el campo de hierba, peinando todas y cada una de las suaves y verdes briznas. (Pausa)

Caminas por el campo de hierba suave y cálida. Ves una montaña no muy lejos. Caminas lentamente hacia la montaña. (Pausa)

Mientras caminas hacia la cálida y azul montaña, te sumerges cada vez más en la relajación. Tu cuerpo se siente muy relajado y tranquilo. (Pausa)

Tu mente está aguda y alerta, captando perfectamente todos y cada uno de los detalles. (Pausa)

Perfectamente, como el pequeño arroyo por el que pasas en el camino. El sonido del gorgoteo del arroyo te relaja más que nunca. Caminas por el pequeño arroyo, tus pies se mojan por el agua tibia y clara. El agua te relaja más que nunca. (Pausa)

Caminas, cada vez más lejos, hacia la montaña. (Pausa)

Una cálida y suave brisa pasa a tu lado, peinando tu pelo, atravesando tu ropa y tu cuerpo, y levantándote lenta, lentamente, como si fueras una pluma en el aire. (Pausa)

El viento te eleva y te sientes tan bien flotando en el aire dulce y suave. Te sientes sin peso y te sumerges cada vez más en la relajación. (Pausa)

Subes cada vez más alto hasta llegar a la cima de la montaña. (Pausa)

Hay pequeñas flores silvestres en la cima de la montaña. Respiras su maravilloso y fresco olor. Respiras el maravilloso y fresco olor de la brisa de la montaña. (Pausa)

El viento te hace bajar la montaña lentamente, muy lentamente. A medida que bajas más y más te haces más consciente. Con cada cuenta empiezas a salir lentamente de tu profunda relajación. (Pausa)

Cada vez que escuches esta inducción de autohipnosis irás más profundo, más sereno, y obtendrás más beneficios de la experiencia. (Pausa)

1, 2, 3...

El olor de la lluvia suave y fresca sigue en ti. Está en tu pelo, en tus manos, en tu cuerpo. Hueles a lluvia. Hueles a nueva esperanza, a creación y a vida refrescada.

4. 5, 6,

Más abajo, en el campo de hierba. Baja, hasta que tus pies toquen la cálida y suave hierba una vez más.

A la cuenta de diez, estarás completamente despierto, más vivo y fresco que nunca.

7,8,9,

Recuerda el olor de la lluvia y cómo hace surgir una nueva vida, una nueva esperanza.

10

Te despiertas fresco y preparado. Bosteza y estira tu cuerpo.

-FIN DE LA INDUCCIÓN-

Practica esta técnica tan a menudo como sea posible. Se sorprenderá de lo poderosa que puede ser.

CONCLUSION

En conclusión, cuando se piensa en la persuasión, ¿qué le suena? Algunas personas pueden considerar la promoción de mensajes que animan a los espectadores a comprar un artículo específico, mientras que otras pueden pensar en un promotor político que intenta persuadir a los votantes para que elijan su nombre en el colegio electoral. La persuasión es un poder rompedor en la vida cotidiana y repercute en toda la sociedad.

Las cuestiones gubernamentales, las elecciones legítimas, las comunicaciones amplias, las noticias y las promociones se ven completamente afectadas por la intensidad de la persuasión y nos impactan.

En algunos casos, nos gusta aceptar que somos resistentes a la persuasión. Que tenemos una capacidad característica para ver el intento de vendernos algo, comprender la realidad en una circunstancia y llegar a resoluciones completamente solos. Esto puede ser válido en determinadas situaciones, pero la persuasión no es sólo el intento de un representante de ventas insistente de venderle un vehículo, o un anuncio de televisión que le seduce para que compre el mejor artículo de su clase.
La persuasión puede no ser pretenciosa, y la forma en que reaccionamos a esos impactos puede depender de una serie de elementos.

Es posible que piense que el uso de técnicas de persuasión es inmoral, solapado. De hecho, puede que se encuentre con el dilema de si debe utilizarlas con alguien a quien quiere.

En realidad, depende de usted lo que piense sobre el uso de las técnicas de persuasión, pero recuerde lo siguiente. Las personas deben conocer los métodos y saber cuándo otros intentan controlarlas. Si convences a alguien de forma efectiva, básicamente le has superado.

La influencia es siempre discrecional. Sin embargo, después de mucha práctica, puedes encontrar que estos poderosos sistemas simplemente se insertan en la idea de tu ser. ¿Te sientes arrepentido de haber utilizado otras partes de vuestro carácter, por ejemplo, hablar de forma incuestionable?
Una gran parte del tiempo, usted estará tratando de hacer lo que es mejor para ellos en cualquier caso. La razón para relacionarse con alguien sinceramente es darse cuenta de lo que necesita. En el momento en que usted sabe esto, sólo está convenciéndoles para que realicen algo que necesitarán hacer en cualquier caso. En este sentido, la influencia no es controlada, sino que simplemente se trata de convencer.

Los individuos deberían saber lo suficiente para decidir sus propias opciones. En un mundo perfecto, debería estar seguro de que puede utilizar estos procedimientos de convencimiento para tomar la decisión más sabia para todos los implicados.

Cuando pensamos en la persuasión, los modelos negativos suelen ser los primeros en sonar; sin embargo, la persuasión también puede utilizarse como un poder positivo. Las cruzadas de ayuda abierta que instan a las personas a reutilizar o dejar de fumar son ejemplos increíbles de persuasión utilizada para mejorar la vida de las personas.